L'odyssée des champignons

Éditions Quæ
RD 10
78026 Versailles Cedex
www.quae.com

ISBN (papier) : 978-2-7592-3053-2
ISBN (PDF) : 978-2-7592-3054-9
ISBN (ePub) : 978-2-7592-3055-6

François Le Tacon
Jean-Paul Maurice

L'odyssée des champignons

Éditions Quæ

Table des matières

Remerciements

Nos remerciements les plus sincères vont à Anne-Lise Prodel, qui a eu l'idée de cet ouvrage et nous a guidés tout au long de la rédaction. Anne-Lise Prodel a effectué une relecture très attentive et rigoureuse de l'ensemble du manuscrit avec Véronique Véto et Florian Berrouet que nous remercions vivement, ainsi que Claire Aujeau et Gwendolin Butter pour la mise en page.

Nos remerciements vont également à ceux qui ont participé à la relecture de divers chapitres : N'Golo Abdoulaye Koné, Alain Gerault, Pascal Frey, Jean Pinon et Benoît Marçais.

Un grand merci à tous ceux qui nous ont fourni des photographies inédites : Rodolfo Bizarria Junior, Bernard Clesse, Philippe Clowez, Patrick Chapon, Jean-Pierre Dechaume, Jean-Luc Fasciotto, Jacques Guinberteau, N'Golo Abdoulaye Koné, Narcis Marcau, Maria Jesus Sutta Martianrena, Claude Page, Pierre Sourzat, Patrice Tanchaud, Jean-Christophe Ragué et Arthur Schüßler.

Nous remercions également les auteurs des photographies provenant de la photothèque de l'Inra : Jean-Claude Druart, Julien Gibon, Jacques Guinberteau, Micheline Rousseau, Imre Vegh, Jean Pinon, Yvon Bugaret, Pascal Frey, Jean Laborde, Jean-Marc Olivier, Veronica Pereda, Micheline Rousseau, Marc Fouchard et Anne-Sophie Walker.

Nous adressons nos remerciements à tous nos collègues et amis de l'UMR 1136, Interactions Arbres/Microorganismes, Inra et université de Lorraine, dont les fructueuses discussions ont été essentielles dans l'élaboration de cette fresque.

Page de droite : la pézize du Rhin (*Sowerbyella rhenana*).

Un monde à découvrir

Nous connaissons tous le très familier champignon de Paris, qui apparaît – en vrac ou conditionné – sur les marchés ou dans les grandes surfaces, quelle que soit la saison. Qui n'a pas été intrigué par les myriades de chapeaux surgissant à l'automne quand il pleut ? Chacun sait que certains d'entre eux peuvent être mortels s'ils sont consommés, alors que d'autres sont appréciés pour leurs qualités culinaires. Mais peu de personnes savent distinguer les champignons toxiques des comestibles ; et heureusement, beaucoup s'abstiennent d'en cueillir en forêt. Cependant, quelques champignons mythiques sont connus de tous, au moins de réputation, comme les cèpes ou les truffes. Les expressions populaires « pousser comme un champignon » ou « ville-champignon » résument bien une de leurs caractéristiques : leur rapidité de croissance (tandis qu'« appuyer sur le champignon » n'a rien à voir avec l'objet de notre livre !). Mais en dehors de ces quelques notions, le monde des champignons reste un grand inconnu pour la plupart d'entre nous. Bolets Satan, ronds de sorcières… : c'est un monde qui inspire souvent la crainte, par les noms attribués à certaines espèces ou des comportements particuliers. Et que dire du champignon atomique qui inspire la terreur ! La nature même de ces êtres vivants reste incomprise : trop souvent, les champignons sont encore considérés comme des plantes alors qu'ils n'y sont pas apparentés. Ils forment un règne à part, le règne fongique ou *Fungi*, et sont d'ailleurs, par leur mode d'alimentation, plus proches des animaux que des végétaux. Dépourvus de chlorophylle, ils doivent, comme les premiers, s'alimenter à partir de matière organique morte ou vivante. Ce qui caractérise les champignons, ce n'est pas tant les chapeaux – dont certains seulement, tels les champignons de Paris, se coiffent lorsqu'ils se reproduisent – que le mycélium*, qui est pérenne et le plus souvent invisible. Il est constitué de filaments pluricellulaires qui permettent aux champignons de développer une très grande surface de contact avec les substrats dont ils se nourrissent. Mais tous n'ont pas cette structure. Certains, comme les levures, ne produisent que des cellules isolées sphériques.

La diversité des champignons est considérable. Nous ne savons pas combien d'espèces vivent sur notre planète. Entre 100 000 et 200 000 d'entre elles ont été décrites… mais il en existe probablement plus d'un million, voire plusieurs millions ! Leur rôle et leurs propriétés sont aussi mal perçus. Si la levure du boulanger ou la levure de bière parlent à la plupart d'entre nous, peu savent qu'il s'agit de champignons. La pénicilline est connue de tous ; son histoire l'est un peu moins, et son origine fongique est maintenant presque oubliée. Mais les champignons produisent d'innombrables molécules aux propriétés autres qu'antibiotiques : antioxydantes, antitumorales, antivirales ou encore anti-inflammatoires. Seule une très faible proportion de ces métabolites* est connue, et beaucoup d'espoirs reposent sur leur exploitation potentielle.

Page de gauche : hypholome couleur de brique
(*Hypholoma sublateritium*. Syn. : *Hypholoma lateritium*).

Toile d'araignée ? Non, mycélium de pézize (champignon ascomycète) dans un sol…

D'autres champignons pourraient être mis à profit pour restaurer l'environnement. Comment ? Grâce à leur faculté à accumuler des métaux. Cette particularité a fait l'objet de nombreuses recherches dans le domaine de la dépollution des sols. Mais le peu de résultats obtenus dans la pratique laisse à penser que les possibilités de valorisation ont été surévaluées… De même, il n'est pas impossible que certains champignons puissent être utilisés pour éliminer des déchets plastiques. Cependant, du laboratoire à la vie quotidienne, le chemin est semé d'embûches !

En dehors de leur contribution au bien-être de l'humanité, les champignons peuvent aussi provoquer d'énormes ravages dans les cultures, aux conséquences terribles comme la Grande Famine en Irlande à partir de 1845. Ils sont également à l'origine de maladies graves chez les animaux ou l'homme, comme les candidoses, des mycoses dont la fréquence a été multipliée par le déficit immunitaire lié à l'infection par le VIH.

Le rôle que jouent les champignons dans le fonctionnement de l'écosystème Terre reste largement ignoré. La biomasse fixée chaque année par la photosynthèse* des végétaux terrestres est considérable. Le carbone ainsi produit doit être recyclé presque complètement, sous peine d'aboutir rapidement à un épuisement du stock de gaz carbonique de l'atmosphère et à l'arrêt de la vie sur terre. Il n'en existe en effet que quelques années de réserve. Qui sont alors ces recycleurs ? Ce sont tous les organismes vivants qui respirent en utilisant l'oxygène de l'air ou dissous dans l'eau. Les végétaux eux-mêmes respirent, et contribuent à recycler eux-mêmes

* Les termes suivis d'un astérisque à la première occurrence sont définis dans le glossaire p. 141.

une petite partie du carbone qu'ils ont fixé par photosynthèse. Mais ce sont ceux qui vivent aux dépens de la matière organique produite par les végétaux, à savoir les bactéries, les animaux et les champignons, qui sont les plus grands recycleurs. Les champignons sont de très loin les plus efficaces, car ils sont les seuls à pouvoir dégrader les lignines, biomolécules parmi les plus répandues sur terre. Les lignines, avec la cellulose* et les hémicelluloses*, sont des composants des cellules végétales qui assurent leur rigidité. Les arbres, et dans une moindre mesure les plantes herbacées, produisent de la lignine en quantité considérable. Contrairement à la cellulose ou aux hémicelluloses, les lignines sont très résistantes à la dégradation microbienne... et les bactéries n'ont qu'un pouvoir limité de dégradation. Les champignons, au contraire, possèdent tout un arsenal enzymatique leur permettant de dégrader complètement les lignines.

Sans les champignons, d'énormes quantités de bois, de feuilles, de paille ou de divers autres débris végétaux s'accumuleraient sur terre. Le gaz carbonique nécessaire à la photosynthèse disparaîtrait de l'atmosphère et la vie s'arrêterait. Lorsque ces champignons dévoreurs de lignine n'étaient pas encore apparus, une biomasse considérable s'est accumulée sous forme de charbon, de lignite ou de pétrole que nous utilisons actuellement : c'est la bien nommée période du Carbonifère (– 359 à – 299 millions d'années), après laquelle les champignons lignivores se sont développés et ont permis à l'écosystème terrestre de retrouver un nouvel équilibre par recyclage des lignines et donc du carbone.

Mais ce que l'on sait encore moins, c'est le rôle que les champignons ont joué dans la colonisation des terres émergées. Ils se sont d'abord alliés à des cyanobactéries, capables d'utiliser le gaz carbonique et l'azote de l'air pour former des lichens primitifs. Il y a environ un milliard d'années, ces lichens primitifs ont ainsi pu s'installer sur les roches volcaniques émergées. Plus tard, aux environs de – 450 millions d'années, les mêmes champignons primitifs ont permis aux premières plantes de quitter les lagunes et de coloniser la terre ferme, comme le montrent les associations symbiotiques de la flore silicifiée de Rhynie, en Écosse, datant de – 407 millions d'années. Les animaux ont suivi les plantes, et c'est ainsi que se sont constitués les premiers écosystèmes terrestres, qui ont progressivement évolué et donné naissance à la vie dans toute sa diversité que nous sommes encore loin de complètement connaître. Depuis, ces champignons primitifs très discrets, invisibles, jouent toujours le même rôle, en assurant la nutrition minérale de la majorité des plantes y compris les plantes cultivées. D'autres sont apparus et les ont remplacés chez les arbres des régions tempérées ou chez les lichens, dont la diversité est extrême et dont le rôle dans les écosystèmes terrestres reste méconnu.

Les champignons sont donc à l'origine de la colonisation des terres émergées par la vie, et la préservent en assurant un rôle essentiel dans l'équilibre de tous les écosystèmes terrestres. C'est cette fabuleuse odyssée que cet ouvrage tente de retracer.

Un nouveau règne

Théophraste (vers 372-287 av. J.-C.), dans un célèbre ouvrage sur l'histoire des plantes, est un des premiers à décrire les champignons, qu'il considérait comme des plantes bien que sans racines ni tiges, sans branches ni bourgeons, sans feuilles, sans fleurs ni fruits. Il distinguait les champignons souterrains comme les truffes (*hydnon*), les champignons à pied et chapeau (*mykès*), les pézizes (*peziz*) et des champignons mal définis (*keraunion*). Cette idée de l'appartenance des champignons au règne des plantes a longtemps prévalu, même si beaucoup de scientifiques à diverses époques ont considéré qu'il n'en était rien. En 1969, Robert Harding Whittaker met fin aux polémiques en distinguant cinq règnes dont celui des mycètes ou champignons. Il était jusqu'alors admis que le phylum* des végétaux s'était différencié du phylum commun aux animaux et aux champignons vers – 1,5 milliard d'années et que les animaux se seraient séparés des champignons il y a environ un milliard d'années. Des découvertes récentes en Afrique du Sud laissent à penser que l'origine des champignons pourrait être beaucoup plus ancienne, vers – 2,4 milliards d'années peut-être.

Si les champignons sont immobiles comme les végétaux, ils sont dépourvus de chlorophylle et, comme les animaux, s'alimentent à partir de matière organique morte ou vivante. Mais – différence essentielle avec les animaux, en dehors de leur absence de mobilité – ils sont dépourvus d'estomac et digèrent les matières organiques à l'extérieur d'un réseau de filaments très étendus (ou mycélium) en secrétant de puissantes enzymes, dont certaines sont capables

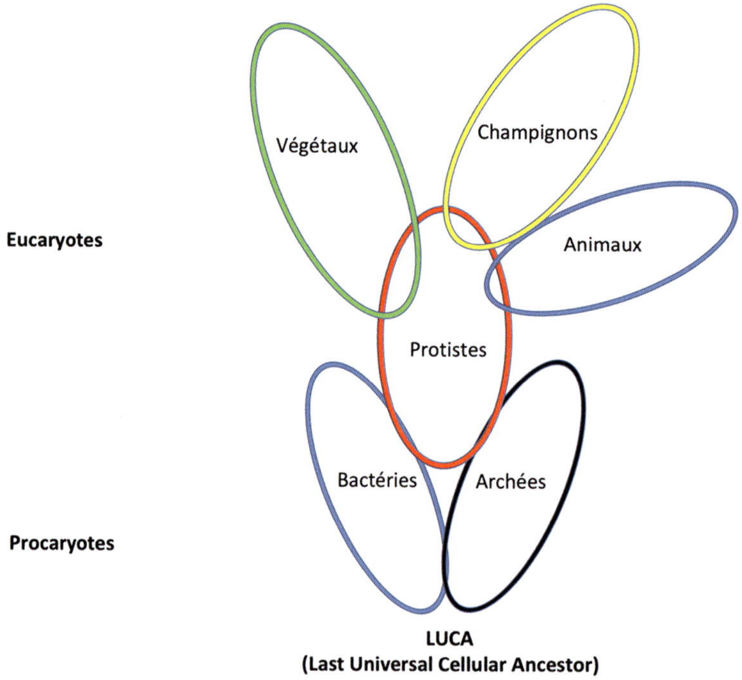

Conception généralement admise, mais très simplifiée, du monde vivant : deux domaines, les Procaryotes (Bactéries et Archées) et les Eucaryotes, avec quatre règnes, les protistes, les végétaux, les champignons et les animaux.

de digérer la lignine et donc le bois. Pour acquérir les substances nutritives dont ils ont besoin, les champignons ont trois possibilités : vivre uniquement aux dépens de la matière organique provenant d'organismes morts – ce sont les décomposeurs ; vivre aux dépens d'un autre organisme vivant, animal ou végétal – ce sont les parasites, qui peuvent tuer leurs victimes ; enfin, d'autres s'associent à des végétaux ou des cyanobactéries, plus rarement à des animaux, en fournissant à leurs partenaires différents composés ou éléments en échange d'un peu de carbone organique : ce sont les symbiotes*.

Si la création d'un règne des champignons a permis une certaine clarification, la réalité est plus complexe. Certains de ceux que l'on a longtemps considérés comme des champignons ne le sont pas ! On distingue maintenant les champignons vrais (ou – au sens strict – qui auraient tous la même origine, ce qui n'est pas non plus complètement certain) et plusieurs autres ensembles aux origines très différentes. Les premiers, dont les parois sont constituées de chitine* comme la cuticule des insectes ou la carapace des crustacés, sont subdivisés en cinq ensembles aux noms un peu barbares.

Les chytridiomycètes* vivent dans l'eau et ont des spores munies d'un flagelle leur permettant de nager et d'assurer ainsi leur dispersion. Ce sont les ancêtres de tous les autres vrais champignons. Ils occupent en effet toujours une position de base dans les arbres phylogénétiques, ce qui laisse à penser qu'ils constituent un des socles évolutifs d'où ont émergé les autres classes de champignons.

On trouve ensuite deux autres ensembles un peu moins primitifs : les zygomycètes*, dont les spores ne sont plus flagellées et dont les hyphes* (filaments mycéliens) ne sont pas séparés par des cloisons, et les gloméromycètes, qui ont les mêmes caractéristiques mais sont tous symbiotiques. Les zygomycètes sont des champignons très discrets, microscopiques, mais très divers.

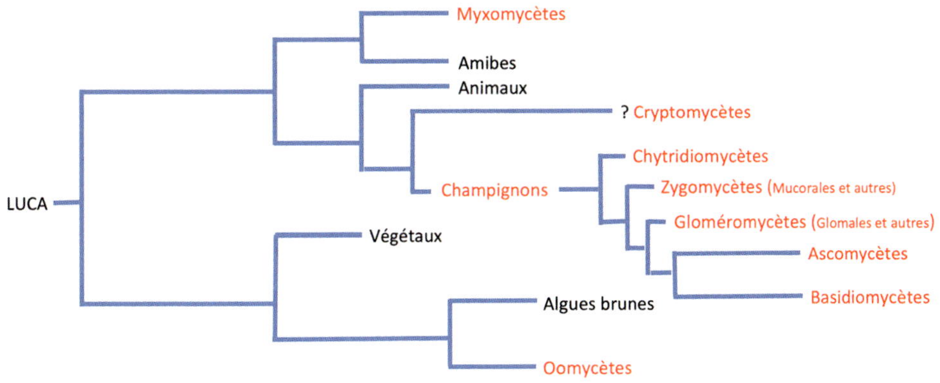

Arbre phylogénétique simplifié du monde vivant. En rouge, les organismes étudiés par les mycologues. Les oomycètes et les myxomycètes ne font pas partie des champignons au sens strict.

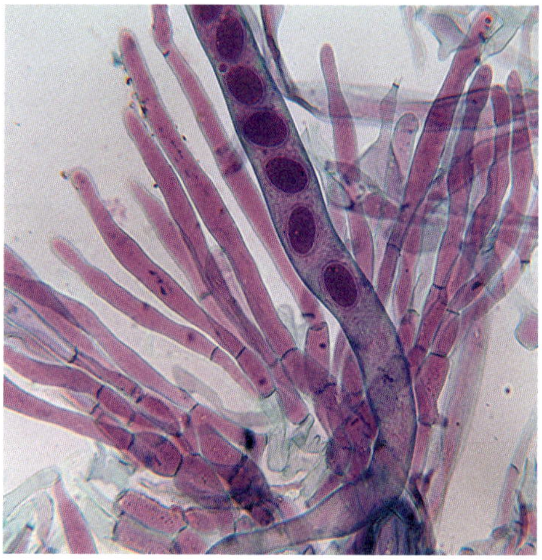

À gauche : un élégant ascomycète, l'helvelle (*Helvella crispa*).
À droite : les spores des ascomycètes, comme ici chez les morilles en violet foncé, sont produites dans des sacs appelés asques. Les asques contenant les spores se développent parmi des filaments stériles, les paraphyses* (en violet clair). © Philippe Clowez.

Les plus connus appartiennent au genre *Mucor* qui comprend de nombreuses moisissures, responsables de pourritures mais parfois très utiles pour la fabrication des fromages ou pour l'industrie pharmaceutique. Les gloméromycètes sont encore plus discrets, invisibles à l'œil nu mais d'une importance capitale pour la vie des plantes. Sans eux, elles n'auraient pu coloniser les continents ni s'y développer.

Enfin, il existe deux ensembles de champignons dits supérieurs, beaucoup mieux connus par leurs fructifications : les ascomycètes*, dont les spores sont produites à l'intérieur de sacs (les asques*), comme les truffes, les morilles ou les helvelles, et les basidiomycètes*, dont les spores le plus souvent dispersées par le vent sont produites à l'extrémité de cellules spécialisées, les basides*. Citons les agarics, les bolets ou les amanites, dont le chapeau est caractéristique.

D'autres ensembles aux noms aussi barbares, autrefois considérés comme des champignons, en sont maintenant exclus, comme les myxomycètes ou les oomycètes*. Les premiers forment l'un des plus grands groupes du phylum des *Amoebozoa* (ou amibozoaires, ou amibes). Les seconds sont essentiellement aquatiques, possèdent des spores flagellées mobiles comme les vrais champignons primitifs, mais leurs parois cellulaires sont constituées de cellulose comme celles des végétaux. Ces oomycètes dériveraient des algues brunes et non de l'ancien phylum commun aux champignons et aux animaux. Par commodité, nous les considérerons comme des pseudo-champignons, sans faire de différence avec les champignons au sens strict.

Enfin, d'autres formes de pseudo-champignons dépourvus de chitine ont été découverts récemment en milieu aquatique, les *Cryptomycota**. Cet ensemble occupe aussi une position de base dans les arbres phylogénétiques.

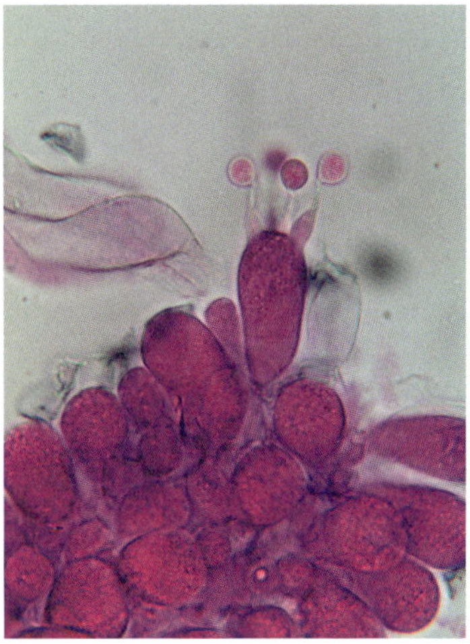

À gauche : un basidiomycète dangereux, *Clitocybe dealbata*, qui peut être confondu avec plusieurs champignons comestibles. © Jean-Pierre Dechaume.

À droite : les spores de basidiomycètes, comme ici chez le lentin tigré, sont produites au sommet d'une cellule particulière, la baside, qui présente quatre pointes (ou stérigmates) portant les spores (ou basidiospores). © Philippe Clowez.

Nés dans les océans

Il est généralement admis que la vie est née dans les océans. Des organismes vivants primitifs, appelés progénotes, y seraient apparus il y a environ quatre milliards d'années, en l'absence d'oxygène. Dans des schistes du Groenland vieux de 3,7 milliards d'années, de la matière organique possède une signature isotopique $^{12}C/^{13}C$ identique à celle caractéristique des organismes vivants actuels… Le mode de fonctionnement de ces premiers organismes vivants aurait été de type saprotrophe*, par consommation d'une soupe riche en composés organiques, ne provenant pas de la photosynthèse, qui était alors inconnue, mais de réactions chimiques dites abiotiques, c'est-à-dire s'effectuant sans êtres vivants. Autre hypothèse : ces premiers être vivants auraient été lithotrophes* ou chimiotrophes*. Autrement dit, l'énergie qui leur était nécessaire leur aurait été fournie par des composés minéraux comme l'hydrogène sulfuré ou le méthane.

À la fin du XXe siècle est apparu le concept d'ancêtre commun universel à toutes les formes de vie, LUCA de son petit nom (*Last Universal Cellular Ancestor*). Mais LUCA est loin de faire l'unanimité ! Il pourrait ne pas avoir été une simple entité, mais une communauté de progénotes adaptés à des situations très diverses. De cette communauté auraient émergé les trois grands domaines actuellement reconnus : les Archéobactéries (ou Archées), les Bactéries et les Eucaryotes. Les Eucaryotes comprennent les végétaux, les animaux, les champignons et les protistes – autrement dit, les organismes à cellules possédant un véritable noyau, au contraire des Archées et des Bactéries dont l'ADN* n'est pas séparé du cytoplasme par une membrane. La photosynthèse semble dater d'au moins 3,5 à 3,8 milliards d'années ; mais on ignore quand

Un mode très particulier de croissance

Les hyphes sont des filaments invisibles à l'œil nu de plusieurs centimètres de long et de très faible diamètre, équivalent à celui d'une cellule, c'est-à-dire quelques microns. Ils peuvent s'agréger ou s'anastomoser et former des cordons (ou rhizomorphes*) qui deviennent alors visibles. Chez les champignons, ces hyphes agrégés forment le mycélium. Si les hyphes sont une des caractéristiques essentielles des champignons, tous n'en possèdent pas. C'est le cas des levures, qui forment des cellules sphériques se développant en colonies. Les hyphes ne sont pas non plus l'apanage des seuls champignons ! Il existe en effet des bactéries filamenteuses comme les actinomycètes ou les streptomycètes. Les oomycètes possèdent aussi des hyphes. De même, la structure interne de certaines algues comme les laminaires peut être constituée de filaments assimilables à des hyphes.

Les hyphes des champignons supérieurs, ascomycètes et basidiomycètes, sont constitués de cellules mises bout à bout, homocaryotiques (un seul noyau et éventuellement plusieurs noyaux identiques par cellule) ou dicaryotiques* (deux noyaux génétiquement différents par cellule) : on les dit septés. Tandis que les champignons inférieurs sont constitués d'une seule cellule allongée contenant plusieurs noyaux identiques ou différents. Qu'ils soient septés ou non, les hyphes s'allongent toujours par leur apex et ne se divisent pas comme chez les cellules animales ou végétales. Chez les hyphes septés, il se forme des cloisons à leur extrémité. Par contre, les noyaux se divisent et à la faveur de processus complexes, l'un d'eux migre dans la partie distale nouvellement cloisonnée.

Si l'on en croit les structures fongiques des formations basaltiques d'Ongeluk, le mode de croissance par hyphes des champignons serait très ancien et pourrait dater de leur apparition dans les océans. Néanmoins, certains comme les levures ont conservé le mode de division ancestral par cellules. D'autres, plus rares, passent alternativement par les stades d'hyphes et de cellules ordinaires. Enfin, chez les lichens ou les fructifications de champignons supérieurs, les hyphes peuvent s'agglomérer et former des tissus plus ou moins compacts ou des croûtes.

elle a commencé à produire de l'oxygène. Ce sont des cyanobactéries qui ont pu accomplir cette tâche, réaliser cette photosynthèse et ainsi fixer le gaz carbonique de l'air. La photosynthèse s'est déroulée pendant très longtemps en conditions anoxiques*. En effet, l'oxygène libéré était immédiatement utilisé pour oxyder d'énormes quantités de fer. Il a probablement commencé à s'accumuler dans l'atmosphère il y a deux milliards d'années, à partir du moment où il n'y avait plus de fer à oxyder… Les cyanobactéries phototrophes* ont dû s'adapter à ces nouvelles conditions et mettre en place un système de protection contre l'oxygène. Les véritables eucaryotes sont nés il y a 2,8 à 2,4 milliards d'années. Ils résultent de la symbiose* entre des eucaryotes primitifs et des bactéries qui ont donné naissance aux mitochondries. Ces dernières sont des unités qui fabriquent l'énergie nécessaire au fonctionnement de la cellule. Elles possèdent encore des gènes, un métabolisme et des caractéristiques biochimiques proches de certaines bactéries libres. Plus tard, il y a peut-être deux milliards d'années, une nouvelle endosymbiose* entre un eucaryote à mitochondries et des cyanobactéries a donné naissance à de nouveaux organismes disposant de chloroplastes capables de photosynthèse : les algues vertes et les algues brunes. L'histoire est cependant encore plus complexe. En effet, lors de la photosynthèse intervient une enzyme qui provient d'une autre endosymbiose avec des archées.

Jusqu'à très récemment, on estimait que les premiers champignons du genre *Tappania* étaient apparus dans les océans aux environs de – 1,4 milliard d'années. Mais la découverte en Afrique du Sud de structures fongiques dans les formations basaltiques d'Ongeluk vieilles de 2,4 milliards d'années suggère que les champignons seraient apparus beaucoup plus tôt dans les océans. Quelle était la nature de ces champignons primitifs ? Nous pouvons supposer qu'ils étaient apparentés aux actuels chytridiomycètes, qui vivent toujours en milieu aquatique, ou à certains zygomycètes. Les fossiles découverts présentent bien des similitudes avec les champignons actuels. Ils sont caractérisés par un développement considérable de filaments de 2 à 12 microns de diamètre, pouvant former des branches et ainsi se ramifier. Cette structure mycélienne, que l'on ne rencontre que chez les champignons ou quelques bactéries filamenteuses, a des propriétés particulières : la longueur des filaments et leur faible diamètre (quelques microns) assurent une grande surface contact avec le milieu, ici l'eau des océans. Il y a au moins deux milliards d'années, les composés organiques accessibles à ces champignons primitifs devaient être des substances solubles issues de la décomposition des cyanobactéries mortes. Pour y avoir accès, les champignons primitifs ont développé une surface maximale d'absorption. Cette propriété acquise dans un environnement liquide allait paradoxalement permettre aux champignons d'accéder au milieu terrestre en association avec des phototrophes, d'abord avec des cyanobactéries, puis avec des végétaux.

Mais si les champignons sont sortis des eaux et ont conquis les continents, certains n'ont pas quitté les océans, et d'autres y sont retournés après un long séjour sur les terres émergées. Les champignons des milieux marins sont encore mal connus, malgré de nouvelles méthodes d'investigation. À peine commençons-nous à appréhender leur diversité et leur rôle dans les écosystèmes marins, depuis le littoral jusqu'aux grands fonds. Comme on pouvait s'y attendre, les eaux marines ou les eaux douces hébergent des chytridiomycètes et des *Cryptomycota*, autrement dit des champignons ou des pseudo-champignons primitifs, qui ont toujours vécu en milieu aquatique et sont essentiellement des parasites d'algues, de protistes ou d'animaux. Ils ont été rejoints par d'autres parasites, des ascomycètes et des basidiomycètes, qui se sont différenciés plus tard sur les continents avant de retourner en milieu aquatique.

Certains de ces champignons supérieurs revenus en milieu marin, en particulier des levures, ont une activité saprotrophe importante dans les niveaux planctoniques, et libèrent par leurs actions enzymatiques de nombreux composés solubles qui sont recyclés par d'autres organismes. D'autres sont capables de dégrader les structures solides, calcaires ou non, construites par des animaux marins (mollusques) ou par des protistes (foraminifères). D'autres peuvent décomposer la lignine ou la cellulose, en particulier dans les zones à mangrove, malgré une faible disponibilité en oxygène.

Les champignons des milieux aquatiques, qu'ils soient primitifs ou plus évolués, sont cependant beaucoup moins abondants et divers que les champignons terrestres car ils n'ont pas à recycler d'énormes quantités de lignine ou de cellulose comme en milieu terrestre. La matière organique générée par l'activité du phytoplancton ou des algues ne contient pas ou ne contient que très peu de lignine ou de cellulose et est donc facilement dégradable par les bactéries. Enfin, l'état symbiotique n'est pas en milieu aquatique aussi important qu'en milieu terrestre, comme nous le verrons.

Chapitre 1

À LA CONQUÊTE DES TERRES ÉMERGÉES

Pendant longtemps, la vie a évolué uniquement en milieu marin. Dans ces conditions, l'alimentation minérale ou organique des cellules ne présente aucune difficulté particulière : tous les éléments minéraux sont à l'état dissous et peuvent pénétrer de manière active ou passive à l'intérieur des cellules. De même, beaucoup de composés organiques (acides aminés*, sucres) sont solubles dans l'eau. D'autres comme les lipides forment des films (ou micelles) facilement accessibles. Lorsque les premiers organismes phototrophes ont commencé à coloniser les terres émergées, il y a probablement un milliard d'années, ils ont rencontré des difficultés apparemment insurmontables : longues phases de dessiccation, écarts thermiques importants, éléments minéraux présents sous forme de complexes insolubles dans l'eau et inaccessibles aux cellules, absence d'azote minéral.

Des bactéries non symbiotiques ont probablement été les premières à tenter de s'installer sur la terre ferme, mais en raison des conditions extrêmes qui y régnaient, elles n'ont guère pu s'y maintenir seules.

Une végétation pionnière pour comprendre la colonisation des continents

Les caractéristiques des premiers colonisateurs des roches volcaniques actuelles sont mal connues. Cependant, ces données sont essentielles pour comprendre comment la vie s'est établie sur terre ! Trois à cinq mois après la coulée basaltique en Islande, en 2010, du volcan au nom imprononçable Fimmvörðuhálsde, la lave a été colonisée par une communauté microbienne à faible diversité dominée par les protéobactéries*, principalement des fixateurs d'azote non phototrophes et des chimiotrophes. Sur des basaltes un peu plus anciens, âgés de deux ou trois ans, ce sont les cyanobactéries qui dominent. Huit ans après l'éruption de 2000 du mont Hekla, toujours en Islande, la végétation était essentiellement constituée de deux mousses et – à un degré moindre – de deux lichens. Cette végétation primitive enrichit en matière organique la surface des substrats où elle s'établit. Elle est à l'origine des sols primitifs (encore appelés lithosols), qui permettent à des organismes plus évolués mais plus exigeants, comme les plantes à vaisseaux, de s'installer, de poursuivre la colonisation et de donner naissance à des écosystèmes plus complexes avec des sols plus profonds et plus riches.

Page de gauche : mycènes inclinées (*Mycena inclinata*).

Les premiers colonisateurs des continents

La première tentative de colonisation des terres émergées par des organismes phototrophes doit remonter au Précambrien*, vers – 1 milliard d'années. Elle est l'œuvre de cyanobactéries qui avaient acquis depuis deux ou trois milliards d'années la propriété d'assimiler à la fois l'azote et le gaz carbonique de l'air. La fixation de l'azote atmosphérique, source de toute vie sur terre, implique l'existence d'une chaîne d'enzymes dont la première est la nitrogénase*. Or, cette enzyme ne peut fonctionner en présence d'oxygène. On estime donc que la fixation de l'azote atmosphérique s'est développée dans les océans très tôt après l'apparition de la vie et avant l'oxygénation de l'atmosphère. Les cyanobactéries produisant de l'oxygène comme sous-produit de la photosynthèse ont dû résoudre l'équation suivante : comment préserver un système qui ne peut fonctionner qu'en l'absence d'oxygène tout en produisant de l'oxygène ? Les cyanobactéries sont les seuls organismes vivants à y être parvenus !

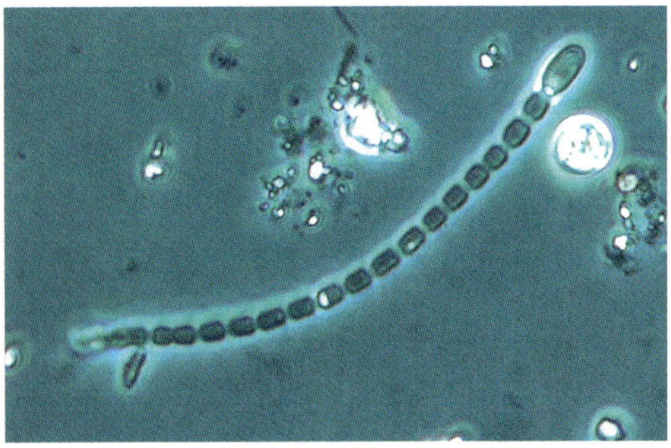

Chapelet bleuté formé par une cyanobactérie filamenteuse. © Inra, Jean-Claude Druart, UMR CARRTEL, Dijon.

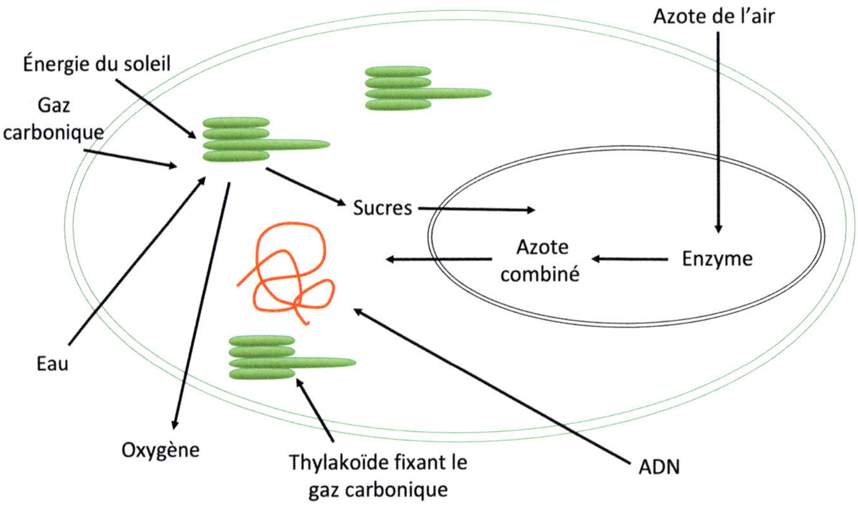

Grâce à leur faculté de fixer le gaz carbonique de l'air en utilisant l'énergie du soleil, les cyanobactéries ont contribué à produire un déchet bien utile : l'oxygène que nous respirons. En outre, elles fixent l'azote de l'air et le transforment en composés azotés nécessaires à la vie.

Apportées par les embruns, les premières cyanobactéries à s'installer sur les roches émergées étaient probablement non associées à des champignons. Elles étaient capables de survivre dans cet environnement hostile en formant des spores. Mais les périodes de métabolisme actif devaient être très courtes. Il y a peut-être huit cents millions d'années, ces cyanobactéries auraient réussi à améliorer leurs conditions de vie en s'associant à des champignons. Les lichens ainsi formés pourraient être les premiers colonisateurs du milieu terrestre. Mais les fossiles de lichens manquent. Le plus ancien fossile de lichen ou de proto-lichen a été découvert en Chine du Sud dans les formations marines de Doushantuo, datées d'environ 600 millions d'années. Des cellules coccoïdales, assimilées à des cyanobactéries ou des algues vertes, y sont associées à des filaments fongiques. Il existe encore des associations des terrains très pauvres qui évoquent ces lichens primitifs, comme *Geosiphon pyriformis*, peut-être un véritable fossile vivant. Son ancienneté n'est cependant pas prouvée.

Geosiphon pyriformis, le seul de son espèce, est un champignon extrêmement rare, appartenant aux glomales* qui font elles-mêmes partie des gloméromycètes. *Geosyphon* n'a été décrit que cinq fois dans la littérature. Il a été découvert en Allemagne en 1849 dans une terre argileuse par Friedrich Traugott Kützing, qui l'a d'abord considéré comme une algue terrestre. En 1915, Fritz von Vettstein reconnaît la présence de cyanobactéries du genre *Nostoc* à l'intérieur d'urnes ou de vésicules. En 1933, Knapp suggère la nature fongique de cet organisme et le décrit comme un lichen à cyanobactéries. En 1970, de nouveaux spécimens sont identifiés dans les montagnes du Spessart en Allemagne. Cette découverte va être le point de départ de nombreux travaux

Vésicules de *Geosiphon pyriformis* : un fossile vivant ? © Arthur Schüßler.

sur cet organisme, maintenant considéré comme un champignon associé à des endocyanobactéries et non comme un vrai lichen. En effet, dans le cas des lichens au sens strict, les cyanobactéries sont emprisonnées entre les hyphes du champignon, alors que chez *Geosyphon*, les cyanobactéries sont à l'intérieur des cellules du champignon. Ces cellules en forme de petites vésicules se dressent à la surface du sol et sont issues d'un mycélium colonisant le sol sous-jacent. Des cyanobactéries endosymbiotiques du genre *Nostoc* forment des chapelets à l'intérieur de ces vésicules. Elles fixent à la fois l'azote atmosphérique de l'air grâce à leur nitrogénase et le gaz carbonique par photosynthèse. Elles fournissent au champignon des sucres et des acides aminés ; en contrepartie, le champignon leur procure, à partir du sol, les éléments minéraux dont elles ont besoin. Un tel échange de bons procédés est parfaitement adapté aux milieux les plus hostiles, et l'on peut raisonnablement supposer que de semblables associations ont colonisé les terres émergées il y a six ou huit cents millions d'années, bien avant que les premiers végétaux ne s'y aventurent.

Depuis, d'autres associations très proches – les lichens au sens strict – ont succédé à ces champignons associés à des cyanobactéries endocellulaires. La différence essentielle tient dans le fait que les cyanobactéries ne sont plus à l'intérieur des cellules du champignon, mais emprisonnées entre les hyphes. Au cours de l'évolution, les champignons primitifs ont été remplacés par des champignons supérieurs, essentiellement des ascomycètes. On estime que 40 % de ces derniers sont lichénisés. Les associations avec des cyanobactéries représentent 10 % des lichens, appelés cyanolichens. Pour les 90 % restants, ce sont de véritables algues vertes qui les accompagnent. Ces lichens ne peuvent donc pas fixer l'azote de l'air. Cependant, algues vertes et cyanobactéries peuvent parfois être associées dans un même lichen.

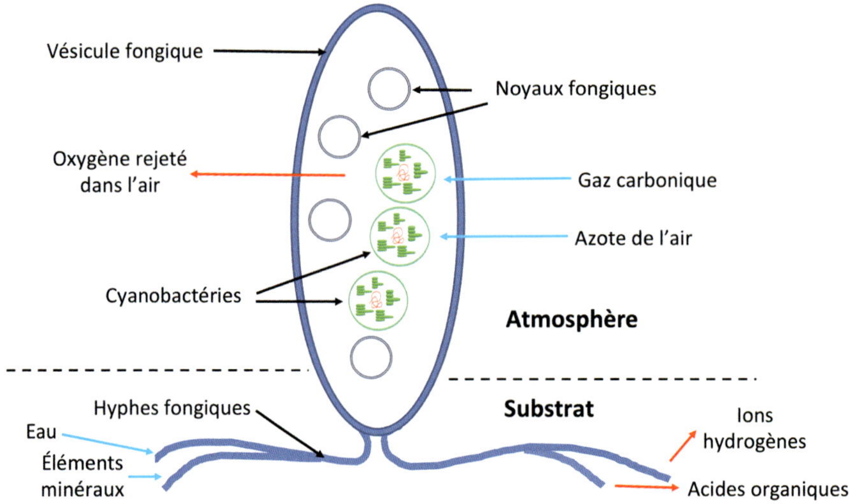

Les vésicules du champignon *Geosiphon* renferment des cyanobactéries du genre *Nostoc*, qui l'approvisionnent en composés carbonés et azotés grâce à leur capacité à fixer l'azote et le gaz carbonique de l'air. En échange, le champignon fournit aux cyanobactéries des éléments minéraux provenant du substrat. Un bel exemple de symbiose !

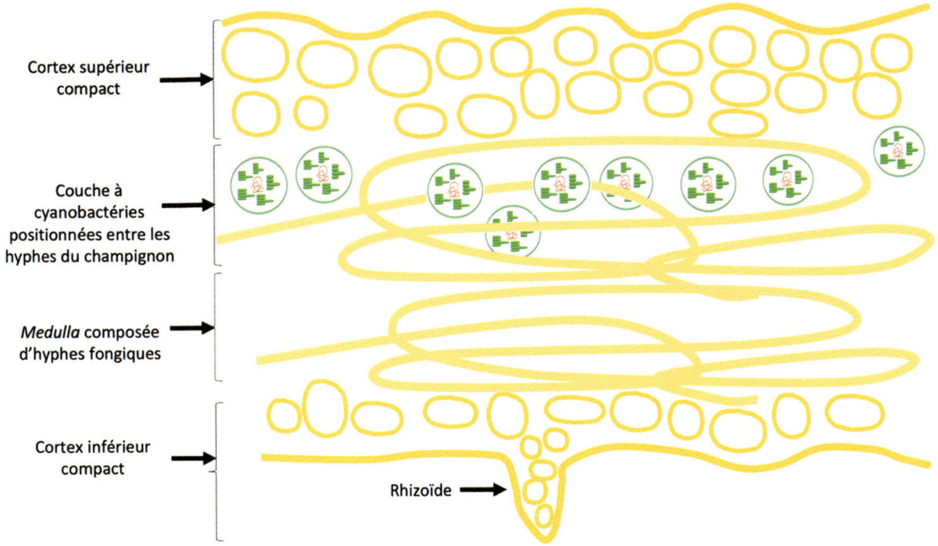

Structure d'un lichen à cyanobactéries. Ni à l'extérieur, ni tout à fait dedans : les cyanobactéries sont emprisonnées entre les hyphes du champignon.

Les lichens actuels, dont 20 000 espèces ont été décrites, sont constitués à 90 % de biomasse fongique et sont maintenant considérés comme des champignons lichénisés. Ils sont d'ailleurs appelés par le nom de leur associé fongique.

Leur résistance à la dessiccation est étonnante. Cette propriété leur est conférée par le champignon, qui synthétise des polysaccharides* protecteurs. Celui-ci fournit également au binôme des éléments minéraux solubles par altération du support rocheux. Les lichens, aux besoins limités, sont donc quasiment autonomes et extrêmement résistants au froid, à la sécheresse, à l'ensoleillement et au photo-stress ; ils peuvent en conséquence se développer sur n'importe quelle surface émergée.

Dans l'Antarctique, sur le continent ou dans les îles avoisinantes, ou encore aux étages alpins des montagnes du reste de la planète, dans les zones qui ne sont pas constamment recouvertes de

Même pas peur du vide interstellaire !

Expérimentalement, il a été démontré que certaines espèces de lichen pouvaient survivre à – 196 °C. Récemment, des lichens et des cyanobactéries ont même été exposés à deux reprises au vide interstellaire. Dans la dernière expérience, trois lichens à cyanobactéries, *Rhizocarpon geographicum*, *Xanthoria elegans* et *Aspicilia fruticulosa*, ainsi que des cyanobactéries et bactéries libres, ont été envoyés pendant dix jours dans l'espace. À leur retour, les lichens ont repris leur activité photosynthétique normale et leurs spores avaient gardé toute leur capacité germinative. Les cyanobactéries seules n'ont pas résisté… La preuve était faite que c'est le champignon qui permet cette extraordinaire survie.

neige ou de glace, ils sont les constituants majeurs de la « végétation ». Grâce à leur association avec des cyanobactéries ou des algues, ils sont capables de photosynthèse à des températures à peine positives – néanmoins avec des rendements très faibles. Dans l'Arctique, les lichens jouent un rôle essentiel dans la toundra, une formation circumpolaire dépourvue d'arbres et à végétation rase de mousses, fougères, graminées, éricacées et autres plantes à fleurs. On y trouve cependant des ligneux rampants comme le bouleau nain ou le saule polaire. Lors de leur migration estivale, les rennes ou les caribous consomment surtout les lichens du genre *Cladonia*, à thalle* ramifié et dressé. Pendant l'hiver, avec les élans, les orignaux ou les bœufs musqués, ils regagnent la taïga, formation végétale ouverte pourvue d'arbres protecteurs, et y consomment quasi exclusivement des lichens, le plus souvent enfouis sous la neige. Dans ces forêts ouvertes, les *Cladonia* couvrent une grande partie des sols et assurent pendant les longs hivers arctiques la survie des herbivores, des carnivores et des hommes qui vivent dans ces écosystèmes du Grand Nord.

Le stade le plus évolué de la végétation terrestre est la forêt constituée d'arbres, parfois gigantesques, qui peuvent s'enraciner sur plusieurs mètres de profondeur. À ce stade, les champignons lichénisés continuent à jouer un rôle essentiel. Certains s'installent sur le sol, d'autres sur les troncs d'arbre ou les branches. Ce sont des organismes épiphytes* qui n'utilisent l'écorce que comme un support. Ce ne sont pas des parasites ! Ils ne prélèvent rien à l'arbre ; au contraire, ceux qui sont associés à des cyanobactéries fixent l'azote de l'air et enrichissent l'écosystème en azote organique, qui sera ensuite minéralisé en azote ammoniacal ou nitrique et utilisé par les différents acteurs de la chaîne alimentaire. Ces lichens fixateurs d'azote existent aussi bien dans les forêts tempérées qu'équatoriales. Dans les forêts tropicales de Colombie,

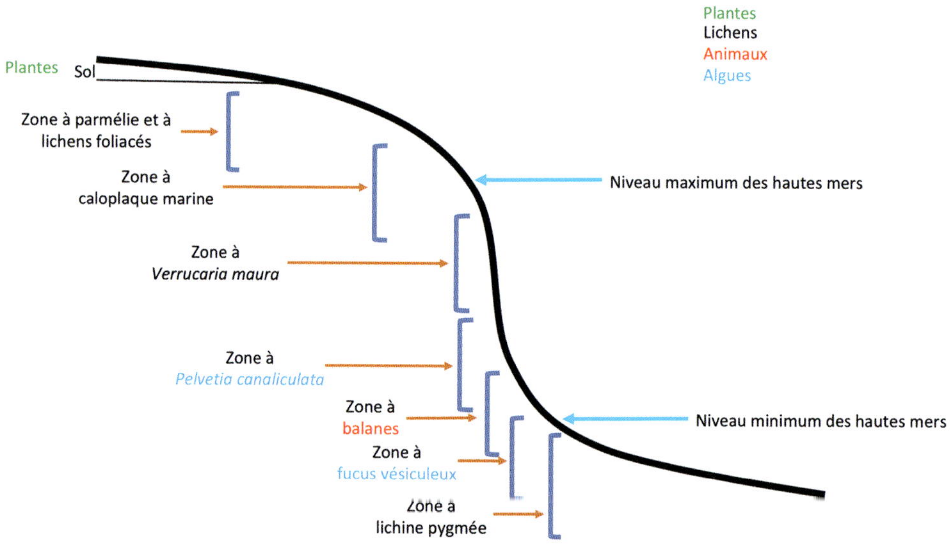

Quand la mer rencontre la terre sur un littoral rocheux granitique atlantique.

La zone intertidale avec la frange noire à *Verrucaria maura*, et au-dessus, la frange à *Caloplaca marina*.

plus de 80 % des lichens épiphytes sont associés à des cyanobactéries du genre *Nostoc*, qui peuvent fixer jusqu'à 8 kg d'azote par hectare et par an. Dans les peuplements naturels de sapins de Douglas de la chaîne des Cascades en Oregon, la fixation d'azote atmosphérique par une seule espèce, *Lobaria oregana*, est estimée entre 3 et 4 kg par hectare et par an ! Ces lichens épiphytes des arbres ont aussi d'autres fonctions. Ils peuvent héberger des cyanobactéries libres, des algues vertes mais aussi toute une faune, essentiellement des arthropodes dont se nourrissent les oiseaux.

L'extraordinaire capacité des lichens à coloniser les substrats les plus ingrats peut être illustrée par l'analyse de l'aire de balancement des marées. Cette zone est particulièrement intéressante, car elle rappelle sur quelques mètres ou dizaines de mètres les conditions dans lesquelles les organismes marins ont dû s'adapter à la vie terrestre, bien que les espèces actuelles diffèrent notablement de celles sorties des eaux il y a six ou huit cents millions d'années. En effet, à quelques exceptions près, les premières espèces à avoir colonisé les continents ont, au cours de l'évolution, été progressivement remplacées par des plus récentes.

Sur les littoraux rocheux granitiques de la côte atlantique européenne, on distingue une première frange située juste au-dessous du niveau minimum des grandes marées et qui est

Détail de la zone intertidale avec la frange noire à *Verrucaria maura*, et au-dessus, la frange jaune à *Caloplaca marina*.

donc toujours immergée ; c'est essentiellement le domaine des algues, mais étonnamment, des lichens sont présents et sont souvent confondus avec des algues. Citons la lichine pygmée (*Lichina pigmaea*), en forme de touffes ou de tapis en palmettes brun-noir d'environ 1 cm, qui peut couvrir de grandes surfaces de rochers et est associée aux patelles et aux balanes. Ce champignon lichénisé à cyanobactéries a longtemps été confondu avec une algue et a d'ailleurs un temps été dénommé *Fucus pigmaea*. Il sert d'aliment à divers gastéropodes dont les bigorneaux et les littorines, dont nous reparlerons à propos de la culture des champignons. La lichine est souvent associée à un autre lichen formant des croûtes, *Verrucaria mucosa*. Notons que ces champignons lichénisés marins sont des ascomycètes, autrement dit des champignons apparus après la colonisation des continents par les végétaux. Ils sont donc revenus à la mer comme leurs lointains ancêtres marins, ce qui n'est pas sans rappeler le retour à la mer des cétacés ou, chez les végétaux, celui des posidonies – des plantes à fleurs redevenues marines.

Dans la zone proprement dite de balancement des marées, algues et lichens cohabitent toujours, mais les lichens deviennent plus abondants, et ce, d'autant plus qu'on se rapproche du niveau maximum des grandes marées. À la base, on retrouve une autre espèce de lichine et une de verrucaire vivant en communauté avec l'algue *Pelvetia canaliculata*, ainsi que des crustacés, les balanes. Au-dessus, on observe une ceinture noire de quelques mètres de largeur s'étendant sur tout le littoral rocheux. On confond souvent cette bande avec des restes de pétrole séché pouvant provenir d'une marée noire. Cette croûte sombre, parfois craquelée, et très dure peut effectivement faire croire à des restes de marée noire. Mais si plusieurs tankers ont, de triste mémoire, laissé échapper de leurs flancs des milliers de tonnes de pétrole brut sur diverses côtes européennes, la présence systématique de cette bande noire doit orienter l'observateur vers une autre hypothèse. Si on s'en rapproche et si on l'observe attentivement, on voit à sa surface un nombre considérable de très petites coupelles noires : ce sont les fructifications de *Verrucaria maura* ! Voilà donc une énigme résolue sans avoir à incriminer l'inconscience des hommes...

Au-dessus de la zone noire apparaît une zone à dominante jaune constituée de plusieurs lichens dont la caloplaque marine (*Caloplaca marina*), qui vit juste en dessous ou au-dessus du niveau maximal des hautes mers. C'est un lichen en croûte fragmentée de couleur orange bien visible, formant sur les rochers une bande quasi continue de part et d'autre de la hauteur d'eau

En haut à gauche : frange à *Pelvetia canaliculata* (algue) et balanes (crustacés), surmontée d'une frange à *Verrucaria maura* (lichen).

En haut à droite : détail de la caloplaque (*Caloplaca marina*).

En bas à gauche : au-dessus de la frange à caloplaque, zone à parmélie des murailles (jaune-orange) et *Lecanora gangaleoïdes* avec des pézizes noires.

En bas à droite : une anfractuosité, un sol primitif qui s'y est formé : c'est plus qu'il n'en faut à *Sedum anglicum* pour se développer à côté de la parmélie.

La parmélie des murailles (*Xantoria parietina*).

Le lichen pulmonaire (*Lobaria pulmonaria*).

maximale. Il tolère de courtes immersions ainsi que les embruns salés lorsqu'il est au-dessus du maximum des hautes mers.

Au-dessus de la frange à caloplaque marine, on trouve une plus grande diversité de lichens terrestres, soit encore en croûte ou à thalles plus ou moins ramifiés, comme *Ramalina silcosa*, qui assurent la transition avec l'étage des mousses, puis des végétaux supérieurs comme les sedums, lorsqu'un sol primitif commence à se former. Parmi ces lichens sublittoraux, citons la parmélie des murailles *Xantoria parietina*, très proche par son aspect de la caloplaque marine. On distingue les deux espèces par leur adhérence au substrat : la caloplaque est très incrustante et difficile à détacher des rochers alors que la parmélie est facile à prélever.

Nous connaissons tous la parmélie même si beaucoup d'entre nous en ignorent le nom : c'est un des lichens les plus étudiés, elle est largement répandue de par le monde. On la rencontre en effet dans les régions tempérées d'Europe, d'Amérique du Nord et du Sud. La parmélie des murailles est exclue des zones arctiques mais présente en Islande. Elle aurait récemment gagné l'Australie et la Nouvelle-Zélande par introduction accidentelle. Très héliophile, elle ne se développe que sur des substrats bien éclairés – rochers, murs, toits, écorce d'arbres isolés. De fait, elle est exclue des sous-bois en raison de la faible intensité lumineuse qui y règne. Elle forme des thalles foliacés en plaques circulaires, irrégulières, d'une dizaine de centimètres en moyenne. Ces thalles, d'un beau jaune orangé, qui parfois confluent, peuvent s'étendre en colonies sur des surfaces considérables, en particulier sur les rochers. L'accrochage sur le substrat se fait par de courtes pseudo-racines, ou rhizoïdes, constituées de mycélium agrégé. La magnifique couleur est due à la pariétine, un composé synthétisé par le champignon, résultant de sa symbiose avec l'algue verte unicellulaire *Trebouxia arboricola* qui vit entre ses hyphes et qui joue un rôle de protection contre la lumière et les rayons ultraviolets. La couleur du thalle est d'autant plus vive qu'il y a plus de lumière et donc plus de pariétine. À la lisière des sous-bois, le thalle peut être gris-vert en l'absence de synthèse de cette molécule. Les apothécies* en forme de coupelle d'un millimètre de diamètre, autrement dit les organes de reproduction du champignon, sont très nombreuses et ont une couleur plus orangée que le thalle proprement dit. Elles produisent les ascospores* qui assurent la dispersion du lichen.

Une énigme : les Prototaxites

Les Prototaxites, qui pouvaient dépasser huit mètres de long et plus d'un mètre de diamètre, ont été les plus grands organismes terrestres entre le Silurien* supérieur et la fin du Dévonien (– 420 à – 370 millions d'années). Ils ont d'abord été assimilés à des troncs d'if par Dawson. Ces fossiles sont constitués de tubes non séparés, non ramifiés, d'un diamètre de 18 à 50 µm, de plus de 2,5 mm de long et orientés dans des directions différentes. Les Prototaxites ont ensuite considérés comme des algues, puis Marc-André Selosse a émis l'hypothèse qu'il s'agissait de lichens. Par la suite, Lina Grahamet et ses collaborateurs ont suggéré qu'il s'agissait de tapis d'hépatiques associées à des cyanobactéries et des champignons de type glomales dont nous allons reparler. Les hépatiques actuelles sont des plantes primitives dépourvues de vaisseaux et de stomates, rampant sur leurs substrats et pouvant être associées à des glomales.

De nombreux petits animaux, dont beaucoup d'acariens, sont hébergés par la parmélie dont ils consomment les thalles et les apothécies. Dans leurs boulettes fécales, on retrouve à la fois des ascospores et des cellules intactes de *Trebouxia*, ce qui suggère que ces animaux jouent un rôle dans la dispersion de la parmélie.

La parmélie des murailles a parfois été utilisée comme médicament, notamment au Moyen Âge pour traiter la jaunisse en raison de sa couleur. Ses extraits à l'acétone ont des propriétés anticancéreuses certaines dont on pourrait tirer parti...

Un autre lichen, le lichen pulmonaire (*Lobaria pulmonaria*), qui présente à sa surface des alvéoles faisant penser à ceux des poumons, est lui aussi utilisé depuis le Moyen Âge dans les affections respiratoires. D'une manière plus générale, les lichens sont très riches en métabolites secondaires qui peuvent constituer jusqu'à 30 % de leur poids. Jusqu'à présent, huit cents métabolites secondaires ont été découverts chez les lichens, la plupart spécifiques, aux propriétés très diverses : effets antibiotiques, antimicrobiens, antiviraux, anti-inflammatoires, antitumoraux, analgésiques, etc. Gageons que certaines de ces substances seront mieux exploitées dans le futur !

Une nouvelle association pour sortir des eaux

Lorsque des végétaux ont tenté de coloniser les terres émergées, ils ont dû résoudre les problèmes inhérents à la vie terrestre que nous avons déjà évoqués. La disponibilité en eau est très faible et présente des variations très importantes, quand elle n'est pas quasi absente. Par ailleurs, le milieu terrestre est à l'interface entre un substrat solide et un milieu aérien pourvoyeur de photons et de gaz en grande quantité. Si la disponibilité en oxygène et en gaz carbonique est meilleure qu'en milieu aquatique, l'atmosphère présente l'inconvénient d'être desséchante. Dans les sols et plus encore sur les matériaux primitifs non évolués, les éléments minéraux sont présents sous forme de complexes insolubles dans l'eau et, par conséquent, inaccessibles à la cellule. De plus, il n'existe pas d'azote minéral dans les roches. Avant l'apparition de sols contenant de la matière organique, la source exclusive d'azote était l'azote moléculaire, présent uniquement dans l'air et non accessible aux eucaryotes chez lesquels aucun dispositif non symbiotique de fixation de l'azote n'est connu.

La lumière atmosphérique, plus riche en rayons ultraviolets que la lumière filtrée par l'eau, même après la mise en place d'une couche d'ozone, entraîne de fortes altérations chez les organismes vivants en général. Chez les végétaux, les ultraviolets provoquent la formation de radicaux libres entraînant des altérations de l'ADN et une peroxydation* des lipides. En outre, les rayons ultraviolets B ont des effets inhibiteurs très importants sur la photosynthèse. La sortie de l'eau a donc nécessité la mise en place de mécanismes photo-protecteurs... ce qu'en pionniers, les champignons avaient déjà réalisé lors de la colonisation de la terre ferme par les premiers lichens. Les écarts thermiques sont aussi beaucoup moins tamponnés qu'en milieu aquatique.

Les premiers végétaux vasculaires terrestres n'ont pas pu résoudre seuls ces différents problèmes. Ils ont fait appel à des champignons primitifs, des glomales, qui étaient déjà arrivés sur terre avec les lichens primitifs de type *Geosyphon*. Ces glomales se sont associées aux racines, ou plus exactement aux rhizoïdes ou aux rhizomes* de ces végétaux primitifs, pour former les premières véritables endomycorhizes*, le végétal assurant l'alimentation carbonée du duo et le champignon, l'alimentation minérale ou hydrique. Les champignons, par héritage de leurs caractéristiques marines ancestrales, assurent une optimisation maximale de l'exploitation des ressources du sol. Ils peuvent développer des surfaces de contact très importantes par simple prolifération de leurs hyphes. La forme filamenteuse est particulièrement adaptée à l'exploration de grands volumes de substrat. En supposant qu'un hyphe a un rayon dix fois plus petit qu'une radicelle, son rapport surface/volume est cent fois plus grand. En d'autres termes, il faut cent fois moins de volume (donc de matériel biologique) pour créer une même surface d'absorption ! Les hyphes des champignons ont aussi la capacité d'excréter dans le milieu extérieur des quantités importantes de protons qui proviennent de l'activité d'enzymes dites « pompes à protons ». Ces protons désorganisent par acidification les réseaux cristallins et libèrent des éléments minéraux comme le calcium, le potassium ou le magnésium, qui passent ainsi de formes insolubles à des formes solubles. De plus, ces pompes à protons favorisent le transport des éléments minéraux ainsi libérés à l'intérieur des hyphes.

Des végétaux terrestres sont apparus au milieu de l'Ordovicien* (– 500 à – 440 millions d'années) et peut-être dès la fin du Cambrien (vers – 510/– 500 millions d'années). C'étaient des végétaux sans vaisseaux pour conduire la sève, apparentés aux mousses, aux besoins en nutriments limités ; par leurs seuls rhizoïdes, ils pouvaient absorber le peu d'éléments minéraux solubles dont ils avaient besoin. Ils n'étaient donc pas en symbiose avec des champignons. Cependant, des hépatiques, bien que dépourvues de vaisseaux, se sont dès cette époque associées à des champignons, des glomales et des mucorales*. Les plus vieux témoignages de spores de végétaux apparentés aux mousses datent de l'Ordovicien moyen (environ – 470 millions d'années). Un peu plus tard, au début du Silurien (à partir de – 440 millions d'années), sont apparues les premières plantes terrestres à vaisseaux et stomates, comme en témoignent de récentes découvertes faites en Arabie saoudite. Ces plantes primitives vasculaires se sont développées à proximité de la limite eau/terre ferme, comme en bordure d'eau douce ou saumâtre ou dans les deltas. Ces milieux ont joué un rôle prépondérant dans la colonisation des continents. L'originalité d'un tel appareil végétatif est de comporter des tissus différenciés pour la conduction de la sève, ce qui favorise les échanges entre le sol et l'atmosphère. Ces végétaux primitifs ont été dans l'impossibilité de s'adapter aux contraintes du milieu terrestre par leur propre évolution. La symbiose avec des champignons a permis d'effectuer ce saut macro-évolutif et pourrait expliquer la rapidité d'apparition d'une flore terrestre diversifiée au Dévonien. L'un des plus anciens témoignages de végétation montrant des associations symbiotiques est la flore silicifiée de Rhynie, en Écosse, datant du Dévonien (– 407 millions d'années). Dans une étude des champignons de cette flore en 1971, Boullard et Lemoigne décrivent une association fongique sur les rhizomes et les rhizoïdes de *Rhynia major*, une plante vasculaire primitive constituée d'un rhizome souterrain portant des tiges aériennes dotées de sporanges. Ces caractères évoquent ceux des endomycorhizes actuelles et permettent de conclure à une symbiose. Une étude postérieure a montré que les cellules colonisées par le champignon possédaient de véritables arbuscules*, structures d'échanges entre la cellule et le champignon identiques à ceux des actuelles endomycorhizes. Une étude plus récente de la flore de Rhynie montre l'existence d'associations fongiques diversifiées formant des arbuscules, des pelotons, des vésicules ou des spores à l'intérieur des cellules de l'hôte. Ces structures symbiotiques semblent être formées par deux groupes de champignons primitifs, les glomales (gloméromycètes) et les mucorales (zygomycètes). Récemment ont été découvertes entre hépatiques actuelles et mucorales des associations qui pourraient, comme les associations à glomales, dater de l'époque de la colonisation des continents (– 470 à – 450 millions d'années). Toutes ces associations primitives terrestres à glomales étaient de même nature. Quel que soit l'organe colonisé – rhizome (mycorhizome*), racine (mycorhize*) ou gamétophyte (mycothalle*) –, l'association était de type arbusculaire.

En rendant possible l'alimentation minérale et hydrique des végétaux pourvus de vaisseaux et de stomates sur les terres émergées, les glomales et mucorales ont ainsi permis aux premières plantes de sortir des eaux.

La poursuite de la conquête des continents

Des alliés invisibles

Les glomales sont invisibles à l'œil nu et quasiment ignorées des agronomes. Depuis quatre cents millions d'années, ces champignons forment toujours des associations symbiotiques avec 80 à 90 % des végétaux terrestres et leur sont indispensables. Les premières observations datent de 1842 et ont été confirmées à la fin du XIXe siècle. En 1905, Gallaud décrit parfaitement les arbuscules et montre que dans les cellules de l'hôte qu'ils envahissent, ils sont séparés de leur partenaire par une membrane. Cependant, la nature des champignons qui formaient ces arbuscules est longtemps restée ignorée en raison de l'impossibilité de les isoler et de les cultiver en l'absence de leur hôte. En 1952, Nicholls identifia un de ces champignons comme *Pithium ultimum*, et en 1957, un groupe de chercheurs britanniques réussit à reproduire des arbuscules avec ce même *Pythium*, rebaptisé *Rhizophagus* en 1961. À la même époque (un peu après 1950), toujours en Angleterre, Barbara Mosse démontra le caractère universel de ce type d'association et son rôle dans la nutrition des plantes.

Depuis, grâce aux techniques de biologie moléculaire, d'énormes progrès ont été effectués dans la connaissance de ces champignons invisibles à l'œil nu et impossibles à cultiver seuls. Ces glomales ou *glomeromycotina* sont regroupées en quatre ordres, dix familles et quatorze genres. Environ 250 espèces ont été décrites à ce jour. Il en existe probablement d'autres, mais ce qui frappe, c'est leur très faible diversité, qui contraste avec celle des champignons dits « supérieurs », ascomycètes et basidiomycètes. Pourquoi une si faible diversité, alors que les glomales sont réparties sur la planète entière, dans tous les milieux et en association avec environ 300 000 plantes ou arbres différents ? L'hypothèse la plus couramment avancée est que les glomales, nées il y a quatre cents ou six cents millions d'années voire plus, protégées par les tissus des racines de leurs hôtes, n'auraient été que très peu soumises aux contraintes du milieu extérieur. La sélection naturelle n'aurait donc eu que peu d'effets sur leur évolution.

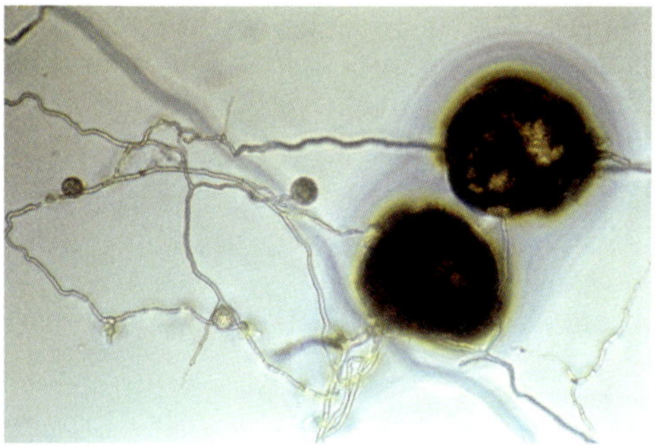

Spores du champignon endomycorhizien *Funneliformis mosseae* en cours de germination en conditions axéniques.
© Inra, François Le Tacon, UMR IAM, Nancy.

Cette faible diversité a une conséquence très importante : il n'existe pas de spécificité d'hôtes. Une même espèce fongique peut s'associer à des hôtes très différents, une plante herbacée ou même un arbre.

L'origine de ces glomales soulève d'autres interrogations : ancêtres saprotrophes, pathogènes ou symbiotiques ? L'hypothèse d'ancêtres saprotrophes semble devoir ne pas être retenue en raison de l'absence d'une biomasse significative sur terre au moment de la colonisation par les premiers végétaux et dont les glomales sont justement à l'origine. Par ailleurs, le décryptage du génome de *Rhizophagus irregularis* a montré que cette espèce était dépourvue de gènes codant pour la dégradation de la lignine. Restent les hypothèses d'ancêtres déjà symbiotiques ou pathogènes. Nous penchons pour la dernière : en effet, nous l'avons vu, l'état symbiotique semble moins fréquent en milieu marin qu'en milieu terrestre. Il serait donc possible que ces glomales soient issues de champignons marins primitifs pathogènes d'algues qui auraient perdu une partie de leur pouvoir de nuisance par la prise partielle par l'hôte du contrôle des mécanismes d'agression. C'est ainsi que l'état pathogène serait passé à l'état mutualiste !

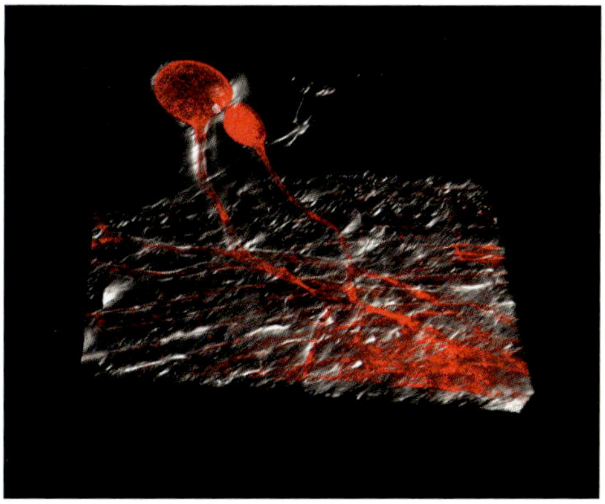

Spore et hyphes (en rouge) du champignon mycorhizien *Funneliformis mosseae* à la surface de racines de sorgho, vus en microscopie photonique confocale. © Inra, LIPM, Dijon.

Les glomales sont entièrement hétérotrophes pour le carbone, qu'elles ne peuvent acquérir qu'auprès de leur hôte. Leur cycle débute par la germination de spores de grande taille, d'un diamètre généralement compris entre 50 et 150 µm. Ces dimensions s'expliquent par la présence d'importantes réserves, en partie sous forme de gouttelettes lipidiques, permettant à la spore de germer en l'absence d'hôte, sans utiliser le carbone du substrat. Une autre raison de la grande taille de ces spores est la présence de plusieurs centaines de noyaux haploïdes* non séparés par des cloisons. Ces spores germent sans stimuli extérieurs en un tube dans lequel migrent les noyaux. La présence de bactéries dans le milieu de culture peut stimuler la croissance du tube germinatif. De même, l'excrétion par la plante hôte potentielle de molécules à très faible concentration favorise la division du tube germinatif en multiples branches et leur activité métabolique. Si le mycélium ainsi produit ne rencontre pas de racine, sa croissance s'arrête et la spore garde une grande partie de ses réserves. Si elle est à nouveau stimulée, elle peut reformer un tube germinatif. À partir des spores, le champignon développe dans le sol un réseau discret d'hyphes et va pouvoir s'associer à des racines. Pour cela, il excrète dans le sol des molécules assez complexes appelées facteurs myc. La plante reconnaît ces molécules grâce à des récepteurs particuliers, qui, lorsqu'ils sont activés, diminuent les mécanismes de défense. Le champignon peut ainsi arriver à la surface d'une racine et former une structure qui n'est pas sans analogie avec l'*appressorium** des champignons pathogènes.

À partir de ce pseudo-*appressorium* à faible pouvoir de dégradation enzymatique, le champignon s'insinue entre les cellules épidermiques de l'hôte. Cette pénétration est favorisée par la plante hôte elle-même, qui met en place un chemin favorisant la progression du champignon, lequel va envahir le cortex sans dépasser l'endoderme, laissant ainsi libres les tissus conducteurs. Le champignon évite aussi la zone de croissance des racines et la zone apicale. Cet envahissement limité de la racine nécessite un échange complexe de signaux entre le champignon et la plante hôte. Cette dernière limite l'expression de ses mécanismes de défense dans les zones envahies par le champignon, qui peut former des renflements intercellulaires ou vésicules – en réalité, des structures de réserves lipidiques. Le champignon pénètre également à l'intérieur des cellules

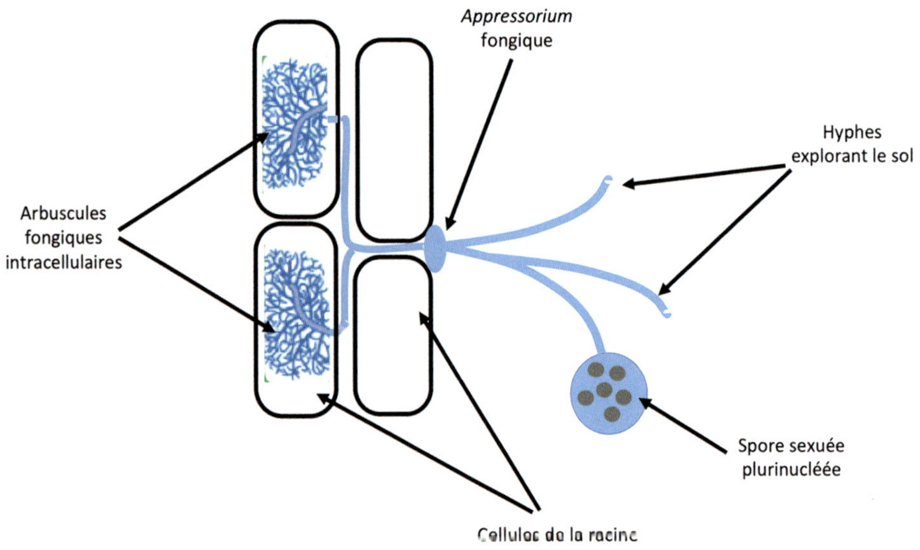

Endomycorhize à arbuscules. Le mycélium (bleu) issu d'une spore s'implante sur la racine par un *appressorium*, puis y pénètre en restant intracellulaire. Il envahit ensuite les cellules de la plante hôte en formant un arbuscule par où se font les échanges entre les deux associés.

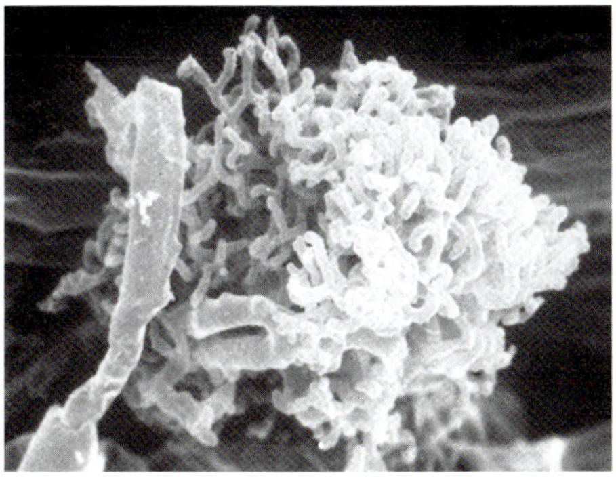

Arbuscule de *Funneliformis mosseae* vu en microscopie électronique à balayage. © Inra, Christine Hepper.

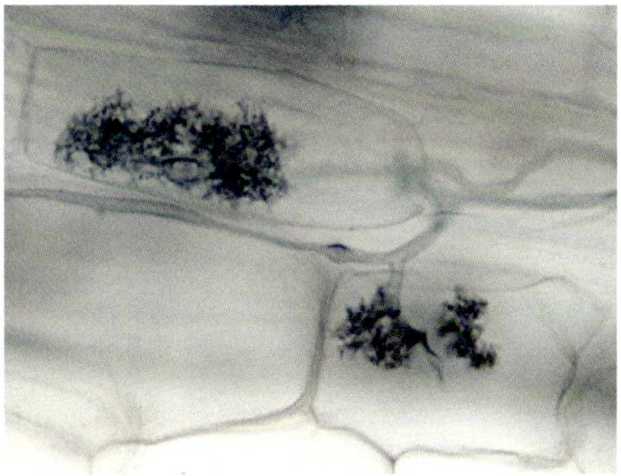

Arbuscules (en bleu foncé) d'un champignon endomycorhizien dans des cellules de racine d'oignon, vus en microscopie photonique.

du cortex où il constitue des structures très ramifiées (ou arbuscules). L'hôte doit multiplier la surface de son propre plasmalemme* et l'adapter exactement aux arbuscules fongiques. L'édification de cette double structure permet le développement d'une énorme surface de contact entre les deux organismes.

Le plasmalemme de la cellule hôte est séparé de la paroi fongique par un espace constitué à la fois d'éléments fongiques et végétaux, au travers duquel se font les échanges entre les deux partenaires grâce à divers transporteurs. La plante fournit essentiellement des sucres au champignon qui, en contrepartie, procure à son hôte des éléments minéraux et en particulier du phosphore. La mise en place d'un tel système, puis son fonctionnement nécessitent une régulation génique réciproque et continue des deux associés *via* l'échange de signaux appelés effecteurs. Les arbuscules ont une courte durée de vie, qui le plus souvent n'excède pas une semaine. Ils sont digérés par la plante tandis que le champignon envahit d'autres cellules nouvellement formées et continue ainsi de fournir des éléments minéraux à l'hôte. Ce système a évidemment un coût énergétique : on estime que le champignon dérive à son profit 10 à 20 % du carbone fixé par photosynthèse. Mais le coût est bien inférieur aux bénéfices ! Sans l'existence de la symbiose, la plante serait en effet incapable d'extraire les éléments peu mobiles du sol, comme le phosphore ou les oligoéléments. Les racines, comme les glomales qui y sont associées, n'ont accès qu'au phosphore du sol soluble dans l'eau. Ce phosphore est en quantité très faible dans les solutions du sol ; il est en outre très peu mobile. Quand la plante en prélève, il se forme très rapidement autour de la racine non mycorhizée une zone d'épuisement. Le champignon permet à la racine mycorhizée d'aller prélever du phosphore bien au-delà de la zone d'épuisement. Les hyphes peuvent en effet s'étendre jusqu'à 20 mm de la racine, et parfois encore davantage. Le phosphore soluble est absorbé par le champignon grâce à des transporteurs transmembranaires. Il s'accumule dans la cellule fongique sous forme de granules de polyphosphates* qui sont transférés jusqu'aux arbuscules par des mouvements cytoplasmiques cycliques. En effet, les hyphes des glomales sont dépourvus de parois. Arrivés dans les arbuscules, les polyphosphates repassent sous forme d'orthophosphates* qui transitent jusqu'aux cellules de l'hôte par l'interface grâce à d'autres transporteurs.

En dehors de leur rôle dans la nutrition minérale des plantes, les endomycorhizes à arbuscules ont d'autres fonctions importantes. Elles ont un effet protecteur contre les pathogènes du sol (*Rhizoctonia*, *Fusarium*, *Verticillium*, etc.). Elles permettent aussi une meilleure alimentation hydrique de la plante. Le réseau d'hyphes qui s'étend dans le sol en dehors de la racine joue un rôle très important sur la structure du sol, en favorisant la formation d'agrégats stables directement par emprisonnement de particules, ou indirectement, par l'excrétion de glycoprotéines.

Les plantes cultivées ne dépendent pas toutes de la même manière de la symbiose endomycorhizienne à arbuscules. Les Crucifères et les Chénopodiacées (épinard, betterave), qui ont perdu leur état symbiotique et développé en compensation un puissant réseau de poils absorbants, s'en sont affranchies. Les Poacées (céréales, maïs, ray-grass, dactyles) sont moyennement dépendantes, alors que les Légumineuses ou Fabacées ne sauraient s'en passer. Les niveaux élevés de fertilité des sols cultivés rendent les plantes moins dépendantes de mycorhizes et diminuent la colonisation des racines par les glomales. Ces champignons sont cependant toujours présents dans les sols cultivés, malgré des pratiques culturales qui ignorent ces auxiliaires. Une baisse générale du niveau de phosphore dans les sols cultivés en agriculture intensive permettrait de faire des économies et d'améliorer l'efficacité de ce système symbiotique.

De nouvelles formes de mutualisme entre végétaux et champignons

Des ascomycètes étaient, semble-t-il, déjà présents dans la flore de Rhynie il y a un peu plus de quatre cents millions d'années, mais la plupart se sont diversifiés au Trias (– 240 millions d'années environ). Les levures se seraient différenciées des formes filamenteuses dès le début du Trias.

Les premiers fossiles de basidiomycètes datent du Carbonifère (– 310 millions d'années environ). Ils sont représentés par des hyphes à crochets trouvés chez une fougère, *Zygopteris illinoiensis*.

Cependant, les premières fructifications fossiles datent du Crétacé* inférieur (Barrémien), à environ – 130 millions d'années ; c'est aussi à cette période que les basidiomycètes les plus courants se sont diversifiés. C'est également à cette époque que l'on place le début de la symbiose ectomycorhizienne, dont les partenaires fongiques sont des ascomycètes ou des basidiomycètes bien que les ectomycorhizes* fossiles les plus anciennes trouvées jusqu'à présent ne datent que de l'Éocène* (– 50 millions d'années environ).

L'analyse phylogénétique des champignons ectomycorhiziens montre qu'ils ont évolué de façon répétée à partir d'ancêtres saprotrophes.

Dans la symbiose ectomycorhizienne, si le champignon pénètre dans la racine, il ne gagne pas l'intérieur des cellules de l'hôte comme dans la symbiose endomycorhizienne. En outre, il forme un manteau autour de cette racine. Cette évolution est identique à celle observée chez les lichens, c'est-à-dire le passage de l'état endocellulaire à l'état ectocellulaire. Ascomycètes et basidiomycètes ont partiellement remplacé les endomycorhizes primitives chez de nombreux arbres, résineux ou feuillus. Le remplacement des endomycorhizes à arbuscules est toujours en

Chronologie des principaux événements dans laquelle s'inscrit l'odyssée des champignons.

Ère	Époque	Durée (en millions d'années)	Événements
Néozoïque (ou Quaternaire)		– 1 à 0	– 250 ans : domestication de la truffe noire du Périgord en France – 1 000 ans : culture du *shiitake* en Chine – 6 000 à – 5 000 ans : utilisation de l'amadou pour allumer du feu
Cénozoïque* (ou Tertiaire)	Pliocène	– 11 à – 1	
	Miocène	– 25 à – 11	
	Oligocène	– 40 à – 25	Culture de champignons par des fourmis et des termites
	Éocène	– 60 à – 40	Différenciation des endomycorhizes à pelotons (Orchidées et Éricacées) Premiers fossiles d'ectomycorhizes
	Paléocène	– 70 à – 60	Multiplication des Mammifères
Mésozoïque (ou Secondaire)	Crétacé	– 135 à – 70	Apparition des ectomycorhizes
	Jurassique	– 180 à – 135	Différenciation du genre *Tuber* (truffes) ?
	Trias	– 225 à – 180	Diversification des ascomycètes et des basidiomycètes Apparition des premiers mammifères et des Angiospermes* (plantes à fleurs)
Paléozoïque (ou Primaire)	Permien	– 260 à – 225	Diversification des levures
	Carbonifère	– 350 à – 260	– 310 : premiers basidiomycètes Explosion de la biomasse terrestre
	Dévonien	– 410 à – 350	– 400 : premiers ascomycètes ? – 407 : flore de Rhynie associée à des glomales et des mucorales (endomycorhizes à arbuscules)
	Silurien	– 440 à – 410	
	Ordovicien	– 500 à – 440	– 470 : apparition des mousses et des hépatiques sur les continents
	Cambrien	– 570 à – 500	
Archéozoïque* (ou Précambrien)		– 4000 à – 570	– 600 : premiers lichens fossiles sur les continents – 1 000 à – 800 : des cyanobactéries associées ou non à des champignons colonisent les roches volcaniques terrestres – 2 000 : divergence entre algues rouges et algues vertes ? – 2 400 : apparition des premiers champignons ? – 2 400 : apparition de l'oxygène dans l'atmosphère – 2 700 : apparition des premiers eucaryotes ? – 3 800 à – 3 500 : apparition des cyanobactéries phototrophes – 4 000 : apparition des progénotes (LUCA)

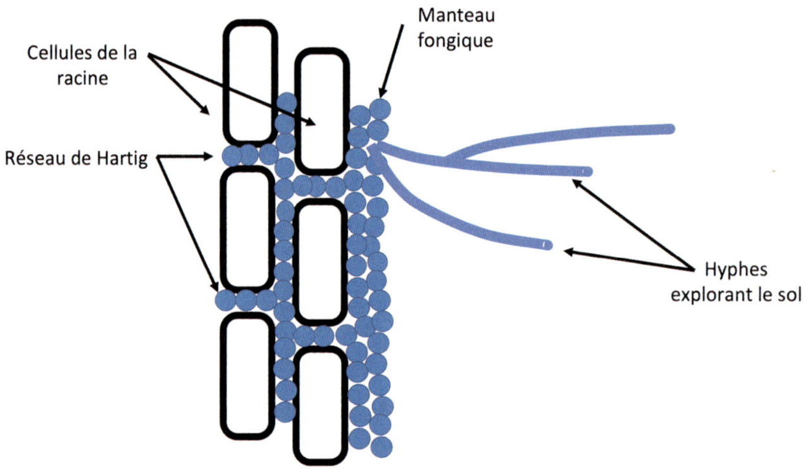

Ectomycorhize : le champignon (en bleu) explore le sol et entoure la racine par un manteau à partir duquel il va pénétrer à l'intérieur et former une structure d'échange appelée réseau de Hartig*. Il ne pénètre jamais dans les cellules de l'hôte.

cours aussi bien chez les feuillus, comme les peupliers, les saules, les aulnes ou les eucalyptus, que chez quelques résineux. Chez ces espèces, les deux types de mycorhizes coexistent. Les champignons ectomycorhiziens fournissent aux arbres les éléments minéraux dont ils ont besoin, et en échange, les arbres approvisionnent les champignons en sucres nécessaires à leur croissance et à leur fructification.

L'apparition des ectomycorhizes a profondément modifié la répartition des végétaux sur terre. Les forêts étaient à l'origine adaptées à des climats chauds et à des teneurs en gaz carbonique élevées. Avec la chute des températures, la matière organique s'est accumulée en climat boréal ou tempéré. Les basidiomycètes ectomycorhiziens, qui avaient conservé une partie de leurs capacités saprotrophes, ont permis à leurs arbres hôtes d'avoir accès partiellement à cette matière organique et aux nutriments qu'elle contient (comme le phosphore) et de se développer dans les zones froides sur des sols riches en matière organique.

Puis, probablement un peu avant l'Éocène, de nouvelles associations endomycorhiziennes sont apparues chez les Éricacées et les Orchidées. Dans les deux cas, il s'agit d'endomycorhizes à pelotons. Le champignon pénètre dans la cellule hôte et s'enroule sur lui-même. Ces associations fonctionnent de manière inverse de celles des endomycorhizes à arbuscules ou celles des ectomycorhizes. Le champignon, qui peut avoir accès à la matière organique des sols et la décomposer, fournit à son hôte le carbone dont il a besoin. C'est la raison pour laquelle les bruyères dominent la végétation des sols boréaux ou alpins ou les sols acides tempérés. Chez les Orchidées, le champignon fournit à l'embryon, qui est dépourvu de réserves, les sucres dont il a besoin. Il existe aussi des ectendomycorhizes, c'est-à-dire des mycorhizes où le champignon forme un manteau autour de la racine, mais pénètre aussi dans les cellules de l'hôte. C'est ce que l'on observe chez les truffes du désert ou terfèzes.

Laccaria bicolor associé à de jeunes semis de Douglas.

Jeune ectomycorhize de pin sylvestre associé à *Laccaria bicolor*. © Inra, François Le Tacon, UMR IAM, Nancy.

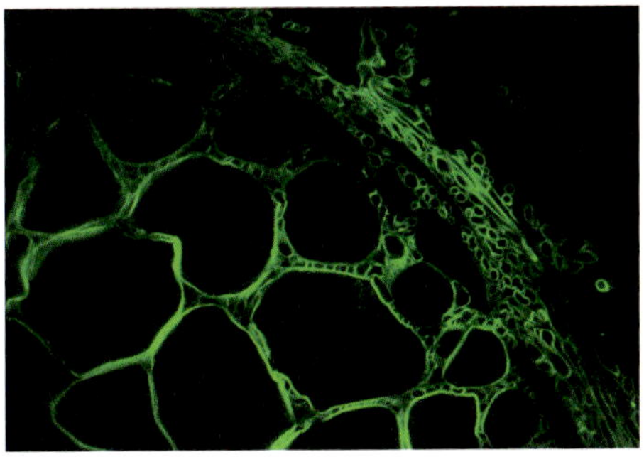

Coupe transversale d'une ectomycorhize de peuplier associé à *Laccaria bicolor*. © Inra, Julien Gibon et Veronica Pereda, UMR IAM, Nancy.

Une nouvelle énigme : la couleur des fructifications des champignons supérieurs

Les basidiomycètes, davantage que les ascomycètes, présentent une diversité de couleurs exceptionnelle. Comme pour les fleurs des végétaux supérieurs, toutes celles de l'arc-en-ciel sont présentes. Si nous savons que les couleurs dont se parent les animaux ou les végétaux sont liées à des fonctions bien particulières comme la pollinisation, le mimétisme, la protection ou l'attirance sexuelle, chez les champignons, il n'en est rien. Une telle diversité ne correspond à aucune fonction ou utilité. Cependant, quelques auteurs ont émis l'hypothèse que certains pigments pourraient jouer un rôle protecteur contre le rayonnement ultraviolet ou attirer les insectes qui favoriseraient la dispersion des spores. Mais il nous semble plutôt que ce sont les hasards de l'évolution qui ont conduit à la diversification de leurs couleurs. Être violet, rouge, jaune ou vert ne procure ni avantage ni inconvénient à un champignon. Aucune pression de sélection ne semble avoir agi dans ce déterminisme. Les pigments qui dominent chez les plantes – chlorophylles et anthocyanes – sont évidemment absents chez les champignons ; les caroténoïdes et les terpénoïdes peuvent être parfois présents ; mais les pigments les plus fréquents des champignons supérieurs sont des quinones* ou des structures conjuguées similaires issues du métabolisme secondaire. Plusieurs centaines de pigments différents ont été identifiés.

On connaît aussi un nombre considérable de champignons endophytes asymptomatiques, principalement des ascomycètes, dans les tissus de la majorité des plantes terrestres, depuis les tropiques jusqu'aux zones arctiques. Leur style de vie cryptique, leur omniprésence et leur richesse au sein des racines ou des feuilles ont suscité de nombreux travaux sur ces organismes dont le rôle apparaît toujours aussi difficile à cerner. Serions-nous en présence d'un immense continuum entre champignons pathogènes, champignons mutualistes ou simples saprotrophes ? La transmission des endophytes à l'hôte est le plus souvent verticale et se fait par les graines. Le champignon reste en général intercellulaire et agit sur le métabolisme de la plante hôte de manière très diverse, par la production d'hormones et d'enzymes. Dans les feuilles, il peut améliorer la photosynthèse ou l'efficience de l'eau, en particulier en situation de stress hydrique. Le champignon peut aussi produire des alcaloïdes parfois toxiques pour le bétail. Mais à la différence des symbioses mycorhiziennes, les endophytes foliaires ou racinaires ne présentent pas un caractère obligatoire malgré leur omniprésence.

Il apparaît qu'au cours du temps, le mutualisme a constamment évolué, permettant aux végétaux de coloniser les milieux terrestres les plus divers et aux champignons ascomycètes et surtout basidiomycètes d'acquérir une extraordinaire biodiversité.

Comment recycler la matière organique ainsi produite ?

Grâce à la symbiose, les plantes primitives ont ainsi pu gagner les continents, commencer à altérer les minéraux et former les premiers sols, ouvrant ainsi la voie aux végétaux plus évolués, toujours mycorhizés et de plus grand développement. Ont suivi des plantes plus évoluées, comme les Fougères, qui sont apparues au Dévonien (– 410 à – 350 millions d'années). La flore de cette époque ne devait pas dépasser un mètre ou quelques mètres de hauteur en raison de la faiblesse du système vasculaire et du peu de profondeur des sols. Au Carbonifère, sur des sols plus profonds et avec la synthèse de la lignine, conférant leur rigidité aux tissus vasculaires et aux troncs, beaucoup de fougères et de lycopodes qui cherchaient la lumière sont devenus arborescents. C'est ainsi que se sont constituées des formations forestières en association avec des gymnospermes* primitifs, se reproduisant par graines et dont les premiers sont apparus à la fin du Dévonien. Les terres émergées se sont couvertes d'un véritable océan vert vivant en symbiose avec des champignons primitifs, produisant d'énormes quantités de lignine et de cellulose, d'autant plus que la teneur en CO_2 de l'atmosphère et la température étaient beaucoup plus élevées que maintenant. Le Carbonifère, comme son nom l'indique, a été une période d'accumulation de carbone dans les sols mais aussi dans les sédiments, sous forme de lignite, de charbon, de gaz ou de pétrole – ce sont les combustibles que nous utilisons massivement depuis le XIXe siècle. Une telle accumulation de carbone peut trouver diverses raisons : les fosses tectoniques liées à la surrection de la chaîne hercynienne au Carbonifère et au Permien pourraient notamment avoir joué un rôle de piège… Mais l'explication la plus vraisemblable est l'absence ou l'insuffisance à cette époque de champignons capables de dégrader la lignine. C'est en effet un composé complexe très résistant à la dégradation. Seuls – ou presque – certains champignons ont cette capacité, en excrétant toute une série d'enzymes qui attaquent simultanément ou séparément les lignines, la cellulose et les hémicelluloses : il s'agit des champignons supérieurs, ascomycètes et surtout basidiomycètes. Or, ces derniers n'existaient pas au Carbonifère ou n'étaient que peu représentés. Le recyclage de la matière organique ainsi produite grâce à la symbiose endomycorhizienne et à une photosynthèse stimulée par des niveaux élevés de CO_2, avec de fortes températures, ne pouvait donc se faire. Ce cycle déséquilibré a commencé à provoquer des désordres très graves. Le carbone piégé dans la biomasse accumulée a entraîné la baisse de la teneur en CO_2 atmosphérique et de la température, ce qui est probablement en partie à l'origine de la glaciation du Permo-Carbonifère (vers – 280 millions d'années). La vie se serait tout bonnement arrêtée sur terre si un système de recyclage de la lignine et de ses associés, la cellulose et les hémicelluloses, ne s'était pas mis en place ! Si certaines bactéries filamenteuses arrivent à dégrader la lignine complètement (comme les actinomycètes des genres *Streptomyces* ou *Nocardia*) ou partiellement (comme certains *Pseudomonas* ou *Azotobacter*), la grande majorité en est incapable. Les bactéries ne pouvaient donc venir à bout d'une telle biomasse. Ce sont les champignons eux-mêmes qui, à l'origine de la couverture des terres émergées par une végétation exubérante, se sont mis à dévorer tout ce qu'ils avaient contribué à produire. La radiation des basidiomycètes dévoreurs de lignine pendant le Jurassique a considérablement modifié la vie sur terre. Leur accroissement en nombre et en diversité a provoqué la minéralisation* de la matière organique morte qui s'était accumulée et une augmentation de la teneur en CO_2 de l'atmosphère. En cent millions d'années, elle a été multipliée par cinq ou dix !

La dégradation des parois cellulaires par les champignons est un processus complexe, mettant en jeu diverses stratégies qui peuvent être classées – faisons simple ! – en trois catégories de pourriture : blanche, brune et pourritures molles.

Les champignons des pourritures blanches, dont beaucoup décomposent les feuilles, ont la capacité de dégrader la lignine et les hémicelluloses sans s'en prendre à la cellulose grâce à des enzymes de type laccase ou peroxydase. Seule la cellulose reste et les résidus ligneux blanchissent, d'où le nom de pourriture blanche. Certains champignons de pourriture blanche, comme les pleurotes, en plus de leur capacité à dégrader la lignine, sont aussi capables de dégrader la cellulose grâce à des cellulases*. Dans ce cas, tous les constituants des parois végétales disparaissent simultanément. Les champignons de pourriture blanche sont très divers en forêt, mais sont tous des basidiomycètes. Citons, parmi beaucoup d'autres, les agarics, les clitocybes ou les pleurotes.

Les champignons des pourritures brunes dégradent surtout les celluloses et les hémicelluloses, laissant presque intacte la lignine. Il ne reste après leur passage qu'un résidu brunâtre de lignine

Une énigme résolue : les ronds de sorcière

Dans les pelouses, les prés ou en forêt, les champignons se développent parfois en cercles, ce qui a depuis longtemps intrigué les hommes. En l'absence d'explications rationnelles, ils les ont appelés ronds de sorcière ou cercles des fées... Il n'y a maintenant plus rien de très mystérieux à leur formation. Il en existe deux types : l'un est propre à certains champignons saprotrophes, l'autre à beaucoup de champignons ectomycorhiziens. Chez les premiers, l'origine de ces ronds de sorcière est la rencontre entre deux myceliums compatibles provenant de la germination de deux spores sexuées. La fusion de ces mycéliums, qui ne portent qu'un seul jeu de chromosomes et n'ont qu'un noyau par cellule, aboutit à la formation d'un nouveau mycélium à deux noyaux et deux jeux de chromosomes par cellule. Ce mycélium appelé dicaryon donne naissance à une fructification – c'est-à-dire à un pied et un chapeau – lorsque les conditions climatiques sont favorables, généralement à l'automne. Après ce premier événement fondateur, le mycélium avance tous les ans de plusieurs centimètres, laissant au centre une zone ou la matière organique a été consommée et où le champignon n'en trouve plus suffisamment pour se nourrir. Les fructifications forment des ronds complets ou des arcs de plusieurs mètres de diamètre, constitués par une bande de mycélium de 30 à 40 cm de large qui s'étend tous les ans de plusieurs centimètres ou dizaines de centimètres vers l'extérieur. Les fructifications du champignon se développent au milieu de cette bande, là où la densité du mycélium et des cordons est la plus forte. Là, le mycélium, par les enzymes qu'il excrète, décompose la matière organique complexe du sol en molécules plus petites qu'il consomme partiellement. Le reste de ces petites molécules finit par se minéraliser en azote ammoniacal puis nitrique sous l'effet des bactéries du sol. Cet enrichissement en azote minéral de la bande de fructification du champignon stimule la végétation, qui devient plus verte et plus haute. Les cercles verts ainsi formés sont fréquents dans les pelouses où se développent le marasme des Oréades, un excellent comestible. Ses cercles atteignent quelques mètres de diamètre et peuvent être âgés d'une dizaine d'années ou plus. Mais la palme revient à une espèce de clitocybe qui, dans les grandes prairies d'Amérique du Nord, peut former des cercles de plus d'un kilomètre de diamètre, âgés de plusieurs centaines d'années !

Chez les champignons ectomycorhiziens, le mécanisme est différent. Le point de départ est un jeune arbre qui s'associe à des champignons symbiotiques. Les racines de l'arbre s'étendent en cercles de plus en plus grands. De nouvelles mycorhizes se forment sur les nouvelles racines et donnent naissance à des fructifications qui, à leur tour, dessinent des cercles autour de l'arbre. Chaque année, les cercles s'agrandissent de quelques centimètres. Ils sont en général formés par des lactaires ou des tricholomes.

partiellement modifiée, respectant encore pour un temps la structure initiale du bois avant que tout ne parte en poussière… Ces champignons sont tous des basidiomycètes. Ils sont peut-être un peu moins nombreux que ceux des pourritures blanches. Ce sont essentiellement des polypores.

Enfin, les champignons de pourriture molle sont des ascomycètes ou des deutéromycètes, c'est-à-dire des champignons imparfaits, qu'on ne sait pas classer parce que leur reproduction est inconnue ou inexistante. Ils interviennent à des niveaux d'humidité élevée et dégradent d'abord la cellulose du bois, en laissant la lignine se ramollir et devenir noirâtre, d'où le nom de cette pourriture. Notons que les plantes non ligneuses sont fréquemment l'objet de pourritures molles dues à des bactéries. Nous présentons ici quelques champignons des pourritures blanche et brune.

Le clitocybe nébuleux et le pied bleu, deux champignons de litière

Le clitocybe nébuleux (*Clitocybe nebularis*) est un magnifique champignon des forêts européennes tempérées qui attire l'œil du promeneur par sa taille, son port et son abondance. Il se rencontre aussi bien en forêt feuillue que résineuse. Le mycélium se développe dans la litière qu'il contribue à décomposer. Son caractère de pourriture blanche se remarque facilement. Quand on arrache le pied avec précaution, on retire un amas de feuilles ou d'aiguilles enserrées dans du mycélium et des cordons. Les feuilles deviennent blanches sous l'effet des enzymes

Le clitocybe nébuleux (*Clitocybe nebularis*), à ne pas confondre avec l'entolome livide !

excrétées par le champignon et qui détruisent la lignine, ne laissant en place que la cellulose ou les hémicelluloses. Le clitocybe forme assez souvent des ronds de sorcière. Son chapeau est recouvert d'une cuticule séparable dont la couleur rappelle celle d'un ciel légèrement voilé, d'où le nom très poétique qui a été donné à cette espèce…

Le clitocybe nébuleux dégage une odeur assez indéfinissable que beaucoup n'apprécient pas. Bien qu'il soit parfois consommé, il est préférable de l'éviter. Il contient en effet différentes toxines résistantes à la chaleur ; en outre, il peut être confondu avec le très redoutable entolome livide. Le critère le plus sûr pour différencier les deux espèces est la disposition des lames. Chez l'entolome, les lames sont nettement séparées du pied alors que chez le clitocybe, elles descendent légèrement sur le pied. Le risque de confusion est cependant réel : raison supplémentaire pour ne pas ramasser le clitocybe nébuleux !

Le pied bleu (*Lepista nuda*), en revanche, est considéré comme un excellent comestible, que l'on peut cultiver (voir p. 92). Cependant, son goût particulier, un peu douceâtre et fruité, peut déplaire. En outre, il peut provoquer de légers troubles digestifs en cas de consommation trop importante.

Il appartient à la même famille que le clitocybe nébuleux et se rencontre dans les mêmes habitats. Il fait également partie des champignons de pourriture blanche et peut aussi former des ronds de sorcière. Son chapeau de taille moyenne, légèrement bombé, est d'abord bien

Le pied bleu (*Lepista nuda*), à consommer avec modération…

violet puis se teinte de marron au centre. Les lames serrées, à peine échancrées au niveau du pied, sont d'abord violettes puis pâlissent ou brunissent légèrement. Le pied violet, ferme, robuste est recouvert d'un duvet tirant vers le blanc. On ne peut guère confondre le pied bleu avec une autre espèce si ce n'est avec le cortinaire violet qui, en dehors de la couleur, a cependant une allure très différente et possède sur le haut du pied une cortine blanche colorée en brun par les spores – souvenir du voile initial qui reliait le chapeau au pied...

Le polypore soufré, un champignon friand de bois

Le polypore soufré (*Laetiporus sulphureus*) est une magnifique espèce se développant sur les troncs d'arbre – plus rarement sur les souches – en éventails de grande dimension (30 cm et plus), à base étroite, imbriqués les uns dans les autres, de couleur jaune à jaune rosé en surface avec des zones concentriques plus ou moins crevassées. À la face inférieure, au niveau des pores, la couleur est d'un très beau jaune soufré, d'où le nom donné à cette espèce. La chair est blanchâtre, devenant friable à maturité. Ses fructifications apparaissent du printemps à l'automne, essentiellement sur feuillus et souvent sur les chênes. Le mycélium attaque le bois de cœur et est responsable d'une pourriture brune cubique, très caractéristique. Le champignon consomme la cellulose et les hémicelluloses, laissant la lignine en place, mais fracturée. Il synthétise en effet des radicaux libres qui désorganisent la lignine avant d'attaquer la cellulose et les hémicelluloses.

Le polypore soufré (*Laetiporus sulphureus*), un excellent recycleur de bois, mais pas un parasite !

Le bois perd alors ses propriétés mécaniques avant de se transformer en une masse pulvérulente qui laisse ensuite place à une cavité centrale. La pénétration du champignon dans le tronc se fait par des blessures, le plus souvent situées à sa base. L'aubier, c'est-à-dire la partie vivante du bois, n'est pas attaqué. La pourriture monte dans l'arbre et la cavité s'agrandit progressivement, fournissant un abri à des oiseaux ou des petits mammifères. Contrairement à ce qui est souvent avancé, le polypore soufré n'est pas un parasite, car il n'attaque pas les tissus vivants. Par contre, il fragilise la structure de l'arbre envahi qui finit par tomber. Mais comme les tissus conducteurs sont laissés intacts, l'arbre reste parfaitement vivant tant qu'il n'est pas tombé. Le polypore participe simplement au recyclage du bois et intervient dans le processus normal de vieillissement des arbres... Mais la valeur commerciale du bois est évidemment affectée. Le polypore soufré jeune est parfois considéré par certains comme comestible.

À la base des troncs d'arbre, la fistuline hépatique

La fistuline hépatique, ou foie de bœuf ou langue de bœuf (*Fistulina hepatica*), toute de rouge vêtue, ne passe pas inaperçue quand on la rencontre en forêt : elle s'épanouit à la base des troncs d'arbre (surtout de chêne et de châtaignier) d'abord sous forme de nodule, puis de console évoquant une langue ou un foie. Cette console est recouverte d'une épaisse cuticule visqueuse orange, puis rouge, et de papilles pouvant exsuder un liquide également rouge. Sous la console, se développe une couche de tubes qui se teintent aussi de rouge à maturité, tandis que la chair spongieuse laisse échapper un liquide rougeâtre.

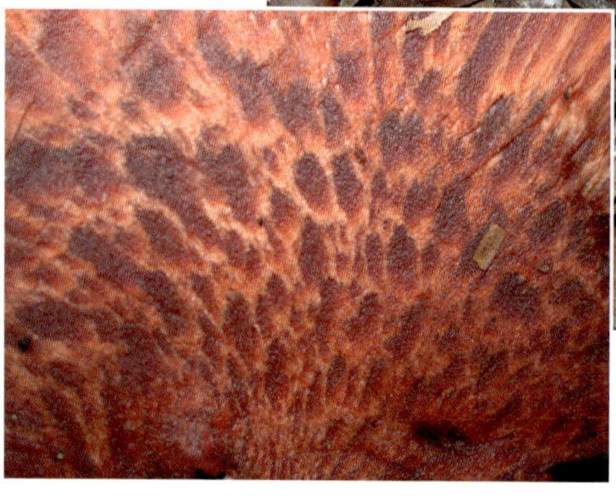

En haut : la fistuline hépatique, ou foie de bœuf, ou langue de bœuf (*Fistulina hepatica*) !

À gauche : la fistuline hépatique en coupe.

Comestible plus ou moins apprécié, ce champignon peut être préparé cru en salade ou bien grillé en tranches. Le résultat ne fait pas l'unanimité !...

La fistuline hépatique était jusqu'à présent considérée comme un champignon de pourriture brune. Cependant, l'analyse de son génome a montré que cette espèce est plutôt un intermédiaire entre pourriture blanche et pourriture brune. Comme pour le polypore soufré, le champignon pénètre dans le tronc par des blessures à la base, et seul le bois de cœur est attaqué. Au début de l'invasion, le mycélium attaque le bois sans détruire sa structure ; il ne modifie que sa couleur qui devient plus foncée. Ce bois de chêne devenu brun est apprécié en ébénisterie ou pour la fabrication de parquet. À un stade plus avancé, le mycélium attaque plus sérieusement les lamelles des cellules du bois, lequel finit par se désagréger.

Tous à l'ouvrage

Malgré les difficultés de mesure à l'échelle de la planète, on estime que la production primaire nette des écosystèmes terrestres est d'environ 60 gigatonnes de carbone par an, contre 40 gigatonnes pour les océans. Or, les réserves atmosphériques de carbone sous forme de CO_2 ne sont que de 750 gigatonnes. Autrement dit, si ce carbone n'était pas recyclé, la photosynthèse s'arrêterait au bout d'environ sept ans. Contrairement aux écosystèmes marins, où les bactéries jouent un rôle essentiel dans le recyclage du carbone et des éléments minéraux, dans les écosystèmes terrestres et en particulier en milieu forestier, ce sont les champignons qui jouent le rôle majeur. De plus, ils interviennent au début et à la fin des cycles. Différents groupes fonctionnels se partagent le travail et coopèrent au fonctionnement de l'ensemble.

Comme nous l'avons déjà vu (p. 22), les cyanolichens des écosystèmes forestiers participent à la fixation de l'azote atmosphérique et à la synthèse de protéines* dont l'azote est ensuite utilisé par ceux des autres groupes après minéralisation par des bactéries.

La première étape de la minéralisation de l'azote organique, quel que soit le stade où l'on se place dans le cycle, est la dégradation des grosses molécules protéiques en molécules plus petites. Les champignons de pourriture blanche qui se développent dans la litière forestière libèrent de courtes chaînes azotées qui peuvent être utilisées par des champignons ectomycorhiziens. Ces champignons symbiotiques peuvent ensuite transférer cet azote organique à l'arbre, ou bien encore, avant de le transférer, attendre que des bactéries transforment ces molécules organiques en azote minéral. Les champignons ectomycorhiziens se partagent aussi le travail entre eux. Ainsi, les mycorhizes des lactaires, des russules ou des amanites sont surtout localisées dans les horizons supérieurs des sols forestiers et contribuent surtout à la nutrition azotée de l'arbre, alors que les mycorhizes d'autres espèces de champignons colonisent les horizons minéraux et contribuent plus à la nutrition en phosphore de leur hôte.

De même, champignons endomycorhiziens à arbuscules et champignons ectomycorhiziens peuvent coexister chez certaines espèces et se partager les tâches, les premiers assurant surtout la nutrition en phosphore de l'arbre, les seconds, la nutrition azotée.

Le recyclage du carbone est assuré par la respiration de tous les êtres vivants qui consomment directement ou indirectement celui fixé par la photosynthèse. Ce cycle doit être équilibré.

Dialogue permanent

Dans les écosystèmes naturels, il existe un équilibre subtil, sous forme d'interactions complexes, entre les différents micro-organismes ou champignons. Chaque groupe, symbiotique, saprotrophe ou pathogène, joue son rôle et permet à l'ensemble de fonctionner harmonieusement en cycle continu.

Mais nous sommes très loin du récent roman à succès qui fait converser les arbres entre eux ou avec leur entourage ! Dans un écosystème, les différents groupes se partagent les tâches grâce aux relations de complémentarité ou de compétition qui existent entre les communautés fongiques, bactériennes, végétales ou animales. La compétition pour l'espace, la lumière, l'eau, les éléments minéraux ou d'autres substrats est une règle générale. Il y a compétition entre les différents groupes et compétition entre les individus d'un même groupe. Les arbres les plus vigoureux éliminent les plus faibles, qui n'ont d'autres solutions que de mourir.

Entre les arbres et leurs associés fongiques ou bactériens, qu'ils soient symbiotiques, pathogènes ou commensaux, au niveau des feuilles et surtout des racines, il existe bien un dialogue. Comme nous l'avons vu, chaque partenaire émet sous forme de petites molécules des signaux qui sont perçus par l'autre à l'aide de récepteurs membranaires, qui vont ensuite modifier l'expression de gènes, et ainsi de suite. Des milliers de messages sont ainsi constamment échangés entre partenaires. Ce qui est vrai pour les arbres l'est aussi pour toutes les plantes, et plus généralement pour tous les organismes sans système nerveux vivant dans un écosystème. D'une manière encore plus générale, à l'intérieur de tout organisme pluricellulaire, les cellules échangent en permanence des informations entre elles, suivant les mêmes processus, afin d'harmoniser le fonctionnement de chacune au profit de l'ensemble.

Par leur mycélium, les champignons ectomycorhiziens constituent des réseaux permettant un transfert de carbone et d'éléments nutritifs entre des arbres différents. Des signaux peuvent être aussi émis par des feuilles consommées par des herbivores et être perçus par les arbres voisins. Mais de là à considérer que les arbres murmurent, peuvent éprouver de la douleur ou avoir de la mémoire, il y a un fossé à ne pas franchir en dehors d'une fiction.

Des champignons ont contribué à élever des montagnes

Avant que la vie ne gagne les terres émergées, l'altération des minéraux primitifs avait lieu par action de l'eau et du gaz carbonique qui y était dissous. Dès la colonisation des continents par les premiers organismes vivants phototrophes, cette altération s'est accélérée par acidification des sols primitifs – avec pour conséquence l'alcalinisation des océans par transfert de cations (sodium, calcium, potassium, etc.). Cette altération s'est brutalement accélérée il y a quatre cent cinquante millions d'années avec le développement des plantes sur la terre ferme et celui de leurs racines associées aux champignons endomycorhiziens. L'amplitude de cette accélération est controversée. Elle aurait seulement doublé au Silurien par rapport à la période précédant la colonisation. La conséquence de cette altération a été de deux ordres : l'accroissement de la quantité d'argile dans les sols puis dans la mer après érosion, et le transfert de carbonates, de bicarbonates et d'ions alcalins dans les océans. Ces transferts ont abouti à la formation des premiers calcaires et de schistes dans les profondeurs marines. Ces sédiments ont ensuite été

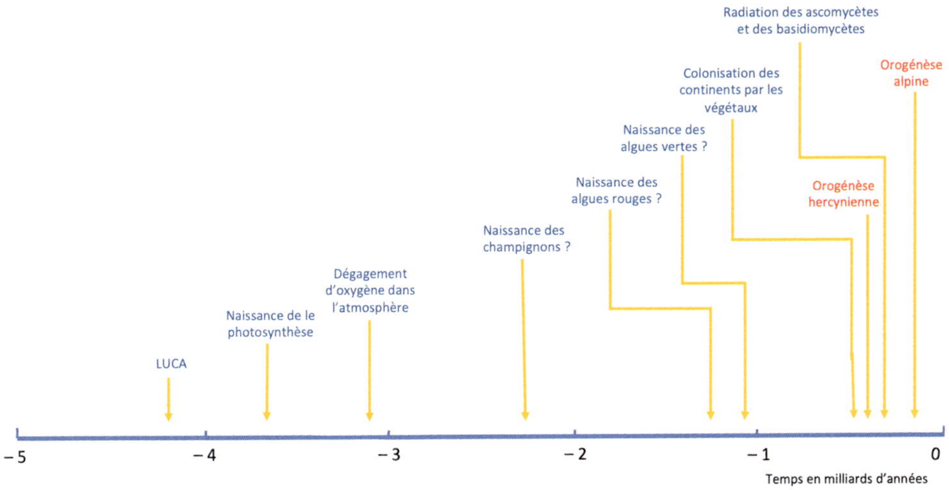

Place de l'érection des chaînes de montagnes – hercynienne et alpine – dans la succession des événements qui ont jalonné l'histoire de la vie.

érigés en chaînes de montagne lors de l'orogénèse hercynienne, encore appelée varisque, qui a débuté vers – 400 millions d'années. À l'ère secondaire (ou Mésozoïque* : – 250 à – 70 millions d'années), l'augmentation de la dégradation de la matière organique accumulée à la fin de l'ère primaire par les champignons lignivores a libéré de nouveaux éléments minéraux en quantité énormes. Ils ont été entraînés dans les océans, ce qui pourrait expliquer la sédimentation essentiellement calcaire de cette période et en particulier au Crétacé (– 145 à – 70 millions d'années). Ces sédiments calcaires ont été à leur tour érigés en montagne lors des orogénèses alpines et himalayennes.

Des cohortes de chapeaux

Si l'on veut voir ou récolter beaucoup de champignons à chapeau, il faut aller en forêt. Les champignons y jouent un rôle essentiel et y sont d'une extraordinaire diversité. Tous les groupes fonctionnels y sont représentés et coexistent en harmonie. La plupart de ceux qui forment des fructifications au-dessus de la surface du sol (champignons épigés*) sont des basidiomycètes, alors qu'en-dessous (champignons hypogés*), ce sont les ascomycètes qui dominent. Les morilles ou les pézizes, qui sont des ascomycètes, font exception et fructifient au-dessus du sol. Les champignons hypogés forment autant de fructifications que les champignons épigés, mais comme ils ne sont pas visibles sans creuser le sol, ce sont les épigés qui attirent l'œil et qui sont les mieux connus. La période de fructification est essentiellement l'automne. Pour fructifier, les champignons ont besoin de beaucoup d'eau, et en climat tempéré ou continental, c'est surtout en octobre et novembre que les sols en sont saturés. De plus, à cette époque de l'année, les arbres à feuilles caduques, comme les chênes ou les hêtres, ont encore leurs feuilles et peuvent alimenter en carbone les champignons qui leur sont associés. L'automne est par excellence la saison des champignons. Si les conditions sont favorables, le sol des forêts feuillues, résineuses ou mixtes se couvre de fructifications. Le nombre d'espèces à chapeau rencontrées dans un massif forestier varie suivant les essences d'arbres, la structure du peuplement ou la géologie, et bien entendu en fonction des conditions climatiques. Les champignons apparaissent souvent en vagues (ou volées) dont le nombre et l'intensité dépendent des pluies et de la température. Dans un massif forestier, le nombre d'espèces peut dépasser cent et atteindre plusieurs centaines, comme à Bellême (Orne), ou plus de neuf cents comme à Mont-lès-Neufchâteau (Lorraine), qui sont parmi les forêts les plus riches de France en champignons à chapeau. Les plus nombreux sont souvent les lignivores qui se développent sur les souches en touffes denses, comme les armillaires ou les hypholomes. Les champignons ectomycorhiziens peuvent aussi constituer d'immenses colonies. Les trompettes des morts ou les chanterelles en tube, dont nous reparlerons (voir p. 103), peuvent former de véritables tapis, pour la plus grande joie des ramasseurs. Il existe en France une trentaine de champignons bons comestibles forestiers qu'il est nécessaire de bien savoir reconnaître avant de récolter. Les ramasseurs de champignons doivent aussi s'informer d'un certain nombre de règles avant de s'adonner à leur passion (voir encadré p. 129).

Notons cependant que basidiomycètes et ascomycètes à chapeau ne concernent qu'une toute petite partie de la microflore fongique des sols forestiers. En effet, la diversité des champignons des sols forestiers est énorme. Les champignons représentent environ 80 % de la diversité des sols en organismes eucaryotes ; les ascomycètes, près de 50 % de la diversité totale des sols forestiers, et les basidiomycètes, un peu plus de 40 %. Beaucoup ne fructifient pas ou fructifient de manière souterraine et sont donc invisibles. Dans une forêt du Morvan, sur six sites différents, par séquençage d'une fraction du génome, trente mille espèces fongiques ont été reconnues alors que moins de cent cinquante avaient été identifiées par leurs fructifications. En moyenne, il y a deux cent cinquante espèces différentes par gramme de sol.

Des géants ?

La majorité des champignons se propage par deux voies différentes : la voie sexuée et la voie végétative. La première implique, comme chez les animaux et les plantes, la fusion des noyaux de deux gamètes ne possédant qu'un seul jeu de chromosomes et provenant de deux parents différents. Au cours de cette fusion, il y a reconstitution d'un noyau à deux jeux de chromosomes et recombinaison des gènes des deux parents, ce qui aboutit à un individu totalement nouveau. Chez les champignons, le mode de reproduction est variable suivant les groupes et peut être très complexe. La reproduction végétative est au contraire asexuée et donne naissance à des individus ayant le même génome, c'est-à-dire à des clones. Chez les champignons, les clones peuvent se former après germination de spores sexuées ou asexuées ou par fragmentation d'un individu. L'un d'eux peut rester de taille modeste ou au contraire, croître presque indéfiniment jusqu'à atteindre des dimensions colossales, ce qui est le cas des armillaires.

Rhizomorphes (brun foncé), palmettes (brunes) et jeunes carpophores d'armillaire bulbeuse (*Armillaria bulbosa*) attaquant un tronc d'arbre.

Les armillaires, nous l'avons vu, sont des champignons présents un peu partout en forêt ou dans les écosystèmes cultivés. En dehors de chapeaux qui se développent sur les vieilles souches et assurent la reproduction sexuée, l'armillaire forme dans le sol des rhizomorphes, qui y progressent continuellement par voie végétative à la recherche de bois mort qu'ils consomment et recyclent. En progressant, ils forment de nouveaux tissus qui remplacent ceux qui meurent. Ils constituent ainsi des clones de plus ou moins grandes dimensions qui finissent par se fragmenter. Grâce aux outils moléculaires, il est désormais possible de déterminer la surface colonisée par ces clones, de les cartographier et d'estimer leur âge. Les plus petits, âgés de quelques années seulement après la germination d'une spore, ont quelques mètres de diamètre et ne sont pas fragmentés. Après plusieurs dizaines d'années, les clones s'étendent et finissent par se dissocier. Après plusieurs siècles, ils peuvent occuper des surfaces considérables en plusieurs unités spatiales.

En France, dans une hêtraie d'altitude du Massif central, le plus grand clone *d'Armillaria gallica* étudié s'étendait sur 2 hectares, et un clone d'*Armillaria ostoyae*, sur 2,5 hectares pour un âge estimé à trois siècles.

En 1992, dans le Michigan, un clone d'*Armillaria bulbosa* s'étendait sur 15 hectares pour un âge estimé à 1 500 ans et un poids de 10 tonnes. Depuis, des clones plus grands ont été découverts.

Et la course aux records se poursuit ! En Suisse, dans une forêt de pins mugo (ou pins à crochets), un clone d'*Armillaria ostoyae* âgé d'environ 2 000 ans couvrait 35 hectares. Dans l'Oregon, un clone de la même espèce s'étendait sur 900 hectares pour une masse estimée à 600 tonnes et un âge de plusieurs milliers d'années…

La presse internationale s'est emparée de ces différents résultats et a présenté l'armillaire comme le plus grand organisme vivant sur terre. Sauf que ces clones ou « genets », qui colonisent plusieurs dizaines ou centaines d'hectares, sont probablement fragmentés et sont donc constitués de plusieurs individus, certes génétiquement identiques, mais ne formant pas un organisme unique… Il faut donc être très prudent dans ces extrapolations qui s'éloignent de la rigueur scientifique. Elles stimulent certes l'imagination, mais elles ne reflètent en rien la réalité. De notre point de vue, la baleine bleue reste le plus gros organisme vivant sur notre planète !

Une force herculéenne

Une autre caractéristique des champignons – cette fois fondée – fait régulièrement l'objet d'articles dans la presse. En effet, quelques-uns ont la capacité de soulever le bitume ou des pavés, et même, dit-on, des plaques de fonte… *Agaricus bitorquis*, appelé l'agaric des trottoirs, adore en effet les sols

Agaricus bitorquis, un champignon qui peut soulever le bitume…

compactés, piétinés, caillouteux, et il lui arrive de percer le bitume quand son chapeau se développe, ce qui est pour le moins spectaculaire. Quel n'est pas l'étonnement des passants quand ils voient surgir ce fragile chapeau sous leurs pieds ou au beau milieu de la chaussée qu'il fait voler en éclats ! Le coprin chevelu, pourtant encore plus fragile en apparence, est aussi capable de tels exploits. Des bolets démontrent aussi parfois semblables capacités en se développant à la base de murs, à condition que les arbres qui les hébergent sous forme de mycorhizes ne soient pas très loin. Les scientifiques se sont souvent interrogés sur ce mystère…

L'origine de cette force quasi herculéenne est à rechercher dans la pression de turgescence. Comme c'est le cas pour les autres microorganismes eucaryotes, les cellules fongiques contiennent une concentration plus élevée de solutés que leur environnement. En conséquence, l'eau pénètre dans les cellules par osmose pendant la croissance et augmente la pression de turgescence à l'intérieur des nouvelles cellules. Cette force se transmet sur les parois qui exercent à leur tour une pression sur le milieu extérieur. Elle est multipliée par l'énorme surface de contact qui existe entre le réseau mycélien et le substrat. Si ce dernier est contraint, il finit par se fissurer et se soulever comme dans le cas du bitume.

Chapitre 2

DES CHAMPIGNONS ET DES HOMMES : COMMENT EN TIRER PARTI ?

Depuis la Préhistoire, les hommes ont appris à consommer des champignons ou à s'en servir. Il y a plus de dix mille ans, les levures commençaient à être utilisées pour la fabrication du pain ou de boissons alcoolisées. En Chine, Il y a un millénaire, le *shiitake* était le premier champignon comestible cultivé. Plus tard, la culture de beaucoup d'autres allait être maîtrisée, dont, au XVIIIe siècle, celle du célèbre champignon de Paris. Nos lointains ancêtres soupçonnaient déjà les propriétés médicinales des champignons ; Alexander Fleming en apporta la preuve avec la découverte de la pénicilline. Mais les champignons peuvent aussi se révéler de redoutables agresseurs pour les animaux et surtout pour les plantes, et provoquer de terribles catastrophes.

L'amadouvier a-t-il servi à maîtriser le feu ?

Nous ne savons pas exactement quand ni comment les hommes ont maîtrisé le feu. Il est admis que les véritables foyers entretenus datent d'environ – 400 000 ans, même si des traces de combustion plus anciennes, vers – 800 000 ans ou plus, ont été trouvées. Mais en remontant le temps, il est difficile de faire la différence entre les foyers accidentels et ceux aménagés. Seules deux techniques ont pu être utilisées pour initier un feu : la percussion d'un silex sur du sulfure de fer (pyrite ou marcassite), qui produit des étincelles, ou le frottement très rapide d'une tige de bois dans la cavité d'un morceau également en bois, ce qui génère de fines braises. Quelle que soit la méthode mise en œuvre, il faut ensuite enflammer un combustible – des herbes sèches ou de l'amadou. Jusqu'au XIXe siècle, l'amadou a été utilisé dans les briquets à silex. Les étincelles destinées à l'enflammer étaient obtenues par le choc d'un silex avec un acier riche en carbone. L'amadou est la chair d'un champignon assez commun, l'amadouvier (*Fomes fomentarius*). Il se développe en formant des sortes de consoles – ou chapeaux sans pied – à stries

Page de gauche : hypholomes en touffes (*Hypholoma fasciculare*).

concentriques à dominante grise sur le tronc de divers arbres feuillus, après avoir envahi le tronc sous forme de pourriture blanche. L'envahissement du bois de cœur se fait par des blessures, et en général, n'affecte que des arbres âgés. Comme pour le polypore soufré ou la fistuline, l'aubier, c'est-à-dire la partie vivante du bois, n'est pas attaqué. L'amadouvier n'est donc pas un parasite au sens strict du terme. Il participe seulement au recyclage du bois et n'est qu'un aspect du processus normal de vieillissement des arbres.

À partir de quand l'amadouvier a-t-il été utilisé comme combustible de préférence aux herbes sèches ? Nous ne le savons pas. Mais il est probable que des herbes sèches ont d'abord été utilisées par les hommes préhistoriques pour une raison bien simple : elles sont partout disponibles alors que l'amadou nécessite la présence d'un milieu forestier. L'amadou nécessite aussi une préparation complexe (enlèvement des pores et de la partie adhérant à l'arbre, découpage en tranches et séchage). Il est donc vraisemblable qu'il n'a été que tardivement employé. La seule preuve que nous ayons de son possible usage préhistorique, nous la devons à Ötzi, cet homme trouvé le 19 septembre 1991 dans un glacier des Alpes italiennes à 3 210 mètres d'altitude et tué entre 3350 et 3100 ans avant J.-C. Ötzi transportait un équipement complet de chasseur (flèches et hache en silex) et, dans une bourse en cuir, des fragments de deux champignons, l'amadouvier sous forme d'une masse brune et le polypore du bouleau (*Piptoporus betulinus*), en deux morceaux

L'amadouvier *Fomes fomentarius*, une aide précieuse pour allumer un feu.

Le polypore du bouleau (*Piptoporus betulinus*). Ötzi en transportait des fragments, peut-être pour un usage médicinal. © Jean-Christophe Ragué.

coniques montés sur des lanières de cuir. Les fragments d'amadouvier étaient associés à des particules de pyrite, ce qui laisse supposer qu'ils étaient bien utilisés pour allumer du feu. La destination des deux fragments de polypore du bouleau est plus difficile à établir ; l'hypothèse la plus vraisemblable est d'ordre médicinal.

La manne de la Bible était-elle un champignon ?

De tout temps, les hommes ont essayé d'interpréter la Bible. Cette exégèse revêt plusieurs niveaux et des formes diverses. Le niveau le plus important pour les croyants est d'ordre théologique : comment traduire la parole de Dieu et la mettre en pratique ? En dehors des questions relatives aux textes de base, il existe d'autres niveaux d'exégèse, comme les questions lexicales et grammaticales. Les traducteurs sont nécessairement confrontés au sens des mots et à leur arrangement. Ils doivent choisir entre différentes interprétations. L'exégèse est aussi de nature historique. À quels faits reconnus par l'Histoire certains textes de la Bible peuvent-ils faire référence ? Nous nous intéresserons ici à un aspect un peu différent : une anecdote rapportée dans la Bible peut-elle avoir une explication biologique ? Nous prendrons ici l'exemple bien connu de la manne, qui pourrait avoir un lien avec des cyanobactéries ou des champignons – lichénisés ou non.

En hébreu, le mot *manne* apparaît treize fois dans la Bible hébraïque (ou Ancien Testament), et toujours en relation avec les quarante années passées par les Hébreux à errer dans le désert après la fuite d'Égypte et l'arrivée sur la Terre promise. Ces pérégrinations sont décrites au chapitre 16 de l'Exode :

(extrait) *L'Éternel, s'adressant à Moïse, dit :*

J'ai entendu les murmures des enfants d'Israël. Dis-leur : Entre les deux soirs vous mangerez de la viande, et au matin vous vous rassasierez de pain ; et vous saurez que Je suis l'Éternel, votre Dieu.

Le soir, il survint des cailles qui couvrirent le camp ; et, au matin, il y eut une couche de rosée autour du camp.

Quand cette rosée fut dissipée, il y avait à la surface du désert quelque chose de menu comme des grains, quelque chose de menu comme la gelée blanche sur la terre.

La maison d'Israël donna à cette nourriture le nom de manne. Elle ressemblait à de la graine de coriandre ; elle était blanche, et avait le goût d'un gâteau au miel.

Pierre Jolivet, en 1980, a examiné diverses possibilités qui pourraient donner une base biologique à la manne des Hébreux.

La première hypothèse est la récolte de cyanobactéries se développant sur les sols humides, comme les nostocs dont nous avons déjà parlé à propos de l'arrivée des premiers phototrophes sur les continents (voir p. 22). Ces nostocs forment des colonies mucilagineuses consommées par les Chinois qui les nomment « crachats de lune ». Au Tchad et au Mexique, d'autres cyanobactéries, les *Spirulina*, sont consommées après avoir été séchées. Voilà donc une première piste, qui ne nous paraît cependant pas vraiment convaincante en raison du caractère très aride du désert du Sinaï. Mais à l'époque de l'Exode, les conditions climatiques semblent avoir été moins sévères. Dans certaines zones, une végétation steppique autorisait le pâturage des moutons.

La deuxième hypothèse est celle de lichens du genre *Lecanora*. Les espèces de ce genre ont une morphologie voisine de celle du lichen des rennes et sont broutées par les moutons en Libye. En temps de disette, les Bédouins peuvent eux-mêmes consommer ces lichens, qu'ils nomment « blé de la terre » et qu'ils cuisinent en pains. En période de sécheresse, ces lichens se fragmentent et peuvent être transportés par le vent sur de longues distances. C'est ainsi qu'une manne s'est produite en Perse en 1854, et trois autres en Turquie en 1845, 1854 et 1891. Notons cependant que les lichens du genre *Lecanora* n'ont jamais été trouvés dans le Sinaï au cours des cent cinquante dernières années, ce qui ne veut pas dire qu'ils n'existaient pas au moment de l'Exode.

Une autre hypothèse est celle du miellat de tamarin. Il en existe deux espèces dans le Sinaï : *Tamarix manifera*, le bien nommé, et *Tamarix orientalis*, qui sont assez fréquentes dans les vallées étroites et humides. À partir de juin, des cochenilles – essentiellement *Trabutina mannipara* – peuvent se développer sur les tiges ou les pétioles des feuilles des tamarin et en extraire la sève. Après passage dans leur tube digestif, les cochenilles excrètent en abondance une substance riche en sucre, connue sous le nom de miellat, récoltée par les abeilles. Les gouttelettes de miellat en excès sèchent et tombent sur le sol sous forme d'écailles brillantes blanches qui sont récoltées et consommées depuis la nuit des temps comme friandise par les Bédouins. Cette hypothèse a la faveur des exégètes de la Bible et est compatible avec *quelque chose de menu comme la gelée blanche sur la terre* ou avec la *graine de coriandre* ou encore avec *le goût [de] miel.*

Examinons à présent une quatrième hypothèse, beaucoup plus récente. Plusieurs auteurs ont en effet suggéré il y a peu que la manne de la Bible aurait pu être des truffes du désert ou terfèzes qui appartiennent à quatre genres différents : *Terfezia*, *Tirmania*, *Delastria* et *Picoa*. Notons que les premières truffes décrites par Théophraste semblent bien être des truffes du désert, et non pas les vraies truffes appartenant au genre *Tuber*. Les terfèzes (ou terfez, ou terfess) se développent dans des zones à climat aride ou méditerranéen, sur des sols généralement sableux, en association symbiotique avec des plantes buissonnantes comme les cistes ou des plantes annuelles ou pluriannuelles comme les hélianthèmes. Elles s'épanouissent soit au printemps, soit à l'automne après les pluies, et se récoltent à la marque, lorsque leur croissance provoque à la surface du sol des bosses ou des fentes. Ces truffes du désert, souvent de couleur beige à chair blanche, sont consommées depuis l'Antiquité, bouillies à la manière des pommes de terre et accommodées avec différents ingrédients comme du miel.

Cette hypothèse paraît assez crédible. Elle est compatible avec une fructification suivant une rosée. La préparation culinaire mentionnée dans les textes bibliques est voisine de celle pratiquée par les Bédouins. L'apparition rapide de vers dans les tubercules, si on ne les cuit pas, est, elle aussi, compatible avec le récit biblique. Le miel mentionné pourrait être celui ajouté aux préparations. Mais d'autres aspects du récit biblique, comme la ressemblance à des graines de coriandre ou à *quelque chose de menu comme la gelée blanche sur la terre*, sont peu compatibles. S'il existe des bases biologiques à la manne de la Bible, peut-être faut-il ainsi les envisager sous différents angles… Pour se nourrir dans le désert, les Hébreux ont dû faire appel à toutes les possibilités de cette terre ingrate. Le récit biblique serait alors une synthèse des diverses ressources rencontrées pendant l'errance, parfois trouvées en abondance et reçues alors comme providentielles.

Indispensables levures

Les levures sont des champignons unicellulaires uniquement visibles au microscope, qui sont appelés micromycètes par opposition aux macromycètes dont les fructifications sont bien visibles. Elles sont constituées de petites cellules ovoïdes de quelques microns de diamètre. Les levures sont essentiellement des ascomycètes, mais quelques-unes sont des basidiomycètes ou même des deutéromycètes. La majorité appartient au genre *Saccharomyces*. Il existe bien d'autres genres, comme *Candida* dont certaines espèces peuvent être très pathogènes pour l'homme, telle *C. albicans*. Nous nous intéresserons ici au seul genre *Saccharomyces* dont fait partie *S. cerevisiae*, la levure de bière ou du boulanger (on reconnaît là le mot *cervoise* !). *S. cerevisiae* a la particularité d'être présente dans le monde entier et pratiquement sous tous les climats (froids, tempérés, subtropicaux et tropicaux). C'est une espèce très ubiquiste que l'on trouve dans les

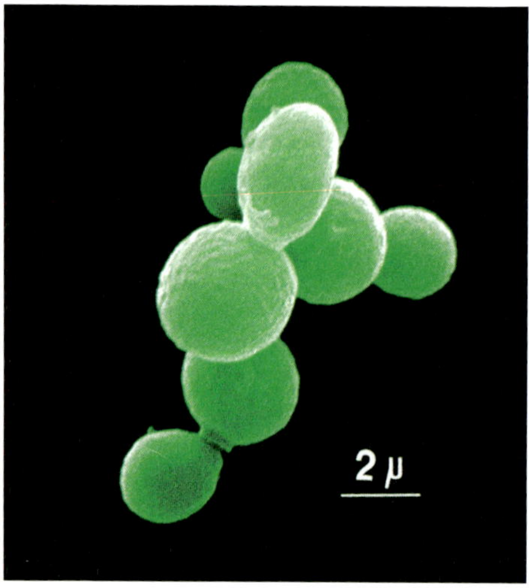

Germination de spores de levures *Saccharomyces cerevisiae* vues en microscopie électronique. © Inra, Jean-Michel Salmon, UMR Sciences pour l'œnologie, Montpellier.

sols forestiers ou cultivés, dans les débris organiques en décomposition, dans l'écorce des arbres, mais qui a une préférence pour les fruits à maturité ou en cours d'altération. Les insectes qui consomment ces fruits ont un rôle majeur dans la dispersion des levures. Les souches sauvages semblent avoir une origine asiatique et se seraient ensuite dispersées dans le monde entier en se différenciant suivant les continents. La domestication de l'espèce a entraîné une différenciation secondaire liée aux usages. C'est ainsi qu'il existe un ensemble de souches bien caractéristiques de la vinification (Europe et Chine) ou de la fabrication du saké (Japon). Par contre, les souches boulangères semblent beaucoup plus dispersées (Europe, Afrique de l'Ouest, Amérique du Nord, Malaisie), ce qui tendrait à montrer que la panification pourrait avoir une origine multiple.

Les levures, comme la majorité des microorganismes, ont la capacité d'oxyder la matière organique, c'est-à-dire de la transformer en gaz carbonique et en eau tout en récupérant de l'énergie. Elles utilisent essentiellement des sucres simples – glucose*, fructose, mannose –, au contraire d'autres champignons qui, nous l'avons vu, ont la capacité de dégrader des formes complexes de matière organique comme la cellulose ou la lignine. Certaines levures développent une autre voie de dégradation des sucres simples, moins oxydative, en produisant de l'alcool ou d'autres composés et du gaz carbonique : c'est la fermentation alcoolique.

Avant les travaux de Louis Pasteur, on ignorait l'existence des levures mais on en connaissait les effets. En tentant de les maîtriser, les hommes ont involontairement sélectionné des souches, adaptées à différents usages (fabrication du pain, de la bière, du vin ou d'autres aliments).

Notre pain de tous les jours

Les hommes ont probablement commencé à récolter des graines de graminées sauvages (ou poacées) il y a plusieurs dizaines ou centaines de milliers d'années. Ces graines étaient consommées crues, le plus souvent après broyage, sous forme de bouillie. Sur le site d'Ohalo en Galilée, daté de 22 500 à 23 500 ans, des graines de diverses graminées broyées à la meule ont été découvertes. Il s'agit d'orge sauvage, de blé sauvage, d'égilope, de brome et de quelques autres espèces. Il n'est pas complètement certain que la pâte préparée à partir de ces céréales sauvages ait été cuite. Mais les foyers trouvés sur le site laissent cette hypothèse ouverte. Shubayqa 1, un site de chasseurs-cueilleurs daté de 11 600 à 14 600 ans dans le nord-est de la Jordanie, a livré deux foyers contenant des restes de nourriture assimilable à du pain. Les céréales présentes étaient du blé, du seigle, du mil, de l'avoine et peut-être de l'orge. Avant utilisation, ces céréales étaient vannées, broyées et tamisées. Le mélange de cette farine avec de l'eau, après malaxage et cuisson, fournissait un pain probablement assez voisin des pains azymes actuels du Moyen-Orient, c'est-à-dire sans levain. Par ailleurs, ces pains primitifs étaient réalisés avec des céréales sauvages dont la farine était moins facile à malaxer que celle des blés cultivés riches en gluten, dont la domestication a commencé il y a dix à onze mille ans. Quand et où est apparu le pain fermenté, ou pain levé rempli d'alvéoles produits par le gaz carbonique issu de la fermentation de la pâte sous l'action de levures ? Il semble que ce soit d'abord en Égypte. Quoi qu'il soit difficile d'observer des levures dans les pains anciens, il semble bien qu'il en a été trouvé dans des restes provenant de ce pays. La présence de ces levures est-elle accidentelle ou bien résulte-t-elle d'une introduction délibérée ? Il est difficile de répondre à cette question. *A priori*, les levures sont présentes partout, aussi bien dans la farine que dans l'eau utilisée pour fabriquer la pâte. En laissant reposer cette pâte un certain temps avant la cuisson, la fermentation peut donc se déclencher naturellement. Néanmoins, l'origine du procédé permettant à la pâte de lever est mal connue.

Nous ne savons pas si les levures provenaient des céréales ou de la fermentation de la bière. Dans la plupart des pays producteurs de bière, la levure de bière a été utilisée pour la fabrication du pain. Mais quelle que soit l'origine du ferment, comme il n'y avait pas de culture pure, à chaque fournée, on gardait un peu de pâte levée qui servait à réensemencer la nouvelle pâte, et ainsi de suite. C'est le procédé dit « du levain ». Ce levain contient des levures du genre *Saccharomyces*… et bien d'autres choses. On y trouve d'autres champignons et une multitude d'espèces de bactéries qui proviennent du blé, de l'eau utilisée ou de l'air environnant. La levure la plus fréquente des levains appartient au genre *Kazachstania* et la bactérie la plus commune est *Lactobacillus sanfranciscensis*. Cette microflore très diversifiée déclenche la fermentation alcoolique, mais aussi une fermentation lactique ainsi que d'autres réactions enzymatiques complexes qui aboutissent à la production d'arômes très divers. Ces arômes donnent au pain au levain une saveur particulière mais qui varie en fonction du temps. En général, on renouvelle régulièrement le levain, en repartant d'eau et de farine provenant de blé non traité aux fongicides. Le pain au levain se conserve souvent mieux que le pain à la levure.

L'emploi de levure de boulanger au sens strict, c'est-à-dire contenant majoritairement *Saccharomyces cerevisiae*, date de la fin du XIXe siècle. De nos jours, la production de levure en culture pure se fait dans des bioréacteurs ou fermenteurs de plus de 100 m^3 sur un substrat à base de

Pain et bière, une même origine

L'histoire de la bière est liée à celle du pain. À l'époque sumérienne (IVe et IIIe millénaires av. J.-C.), du pain était mis à fermenter après trempage dans de l'eau. Après une fermentation alcoolique plus ou moins aléatoire, on obtenait le « sikaru » auquel on pouvait ajouter du miel ou des épices. Ce pain liquide, l'ancêtre de la bière, la boisson du peuple, s'est répandu dans toute l'Europe et était particulièrement prisé des Celtes et des Germains. Aujourd'hui, la bière est une des boissons les plus consommées dans le monde. Son expansion date du XIXe siècle, à la suite de la maîtrise de la fermentation à basse température et de la pasteurisation.

mélasse de betterave ou de canne à sucre qui a au préalable été enrichi en éléments minéraux, puis stérilisé. Les levures transforment d'abord le saccharose de la mélasse en glucose et fructose à partir desquels elles se développent. Après plusieurs jours de fermentation, le substrat contenant les levures est récolté. Ces levures sont isolées par centrifugation, déshydratées ou lyophilisées et conditionnées en sachets, parfois sous vide comme pour les levures sèches instantanées qui n'ont pas besoin d'être réhydratées avant mélange avec la pâte. La levure de boulanger industrielle permet d'obtenir un pain de qualité constante, mais qui n'a pas la même complexité d'arômes que le pain au levain.

Le sang de la vigne

Comme pour le pain, il est difficile de déterminer avec précision à partir de quand les hommes ont, pour la première fois, réussi à obtenir du vin ou une autre boisson fermentée. Le plus vraisemblable est que le hasard a joué un rôle important : du jus de raisin ou des raisins abandonnés dans une jarre ont pu se mettre à fermenter sous l'effet des levures naturellement présentes à la surface des fruits... Une des premières preuves de cette fermentation – volontaire ou non – est la présence de tartrate de calcium sur les parois d'une jarre datant de 5400 à 5000 ans av. J.-C. et découverte en Iran, dans un ancien village néolithique du nord du massif montagneux du Zagros. La présence de ce composé issu de l'acide tartrique qui existe naturellement dans le jus de raisin n'est, de fait, pas suffisante pour affirmer qu'il y a bien eu fermentation volontaire. Mais la résine de térébenthine retrouvée dans les résidus de la jarre, provenant de la sève du pistachier térébinthe, suggère que ce composé a été utilisé pour éviter la transformation de l'alcool issu de la fermentation par les levures en acide acétique – c'est-à-dire en vinaigre – par des bactéries du genre *Acetobacter*. Cette jarre et ce procédé de stabilisation semblent donc bien avoir été sciemment employés pour conserver du vin. Dans les résidus d'une jarre égyptienne datant de 3500 ans av. J.-C. et qui avait probablement contenu du vin, Cavalieri et ses collaborateurs ont mis en évidence de l'ADN de *Saccharomyces cerevisiae* (voir p. 65). Ces découvertes corroborent les récits de la Bible où le vin est maintes fois cité aussi bien dans l'Ancien Testament que le Nouveau. Abraham ne connaissait pas le vin puisqu'il n'offrait que du lait à ses visiteurs. C'est Melkisédek, prêtre et roi de Salem, qui fit apporter du pain et du vin à Abraham. Noé planta de la vigne après le Déluge et s'enivra avec le vin qu'il en obtint. Les deux filles de Loth enivrèrent leur père pour pouvoir partager sa couche. Dans le Deutéronome, la vigne est associée à Sodome et à Gomorrhe et le vin au venin des serpents. Le vin, dans l'Ancien Testament, est donc plutôt d'abord considéré comme un symbole de débauche. Un peu plus tard, il évoquera le plaisir ou le bonheur, et à la fin des temps, Dieu Lui-même offrira à tous les peuples *des vins fins bien clarifiés* (Is 25,6).

Dans le Nouveau Testament, aux noces de Cana, Jésus transforma l'eau en vin, prouvant ainsi pour la première fois à ses disciples sa nature divine. Au dernier repas, chacun connaît la célèbre parole : *Ceci est mon sang, le sang qui garantit l'Alliance de Dieu et qui est versé pour une multitude de peuples*. Par cette phrase et l'acte qui a suivi, les symboles s'associent : le vin devient le sang du Christ versé pour sauver les Hommes ; il est aussi le sang de la vigne, celui de la terre et du travail des Hommes ; mais rouge comme le sang, il est aussi celui de la vie elle-même. Aucun aliment, pas même le pain, qui est pourtant assimilé à la chair du Christ, n'est aussi chargé de symboles que le vin.

Depuis la Mésopotamie puis l'Égypte, le vin a été adopté par les Grecs, puis Rome et la Gaule, avant, de proche en proche, de gagner le monde entier.

Même si à la fin du XVIIIe siècle puis au début du XIXe, plusieurs savants avaient émis l'hypothèse que la fermentation du vin était due à un élément vivant, le processus est resté très mystérieux jusqu'aux recherches de Louis Pasteur. Celui-ci a d'abord commencé à travailler en 1857 sur la fermentation lactique. En 1861, il publie une étude plus générale sur la nature des fermentations, puis en 1865, *Procédé pratique de conservation et d'amélioration des vins*, et en 1866 sa célèbre étude *Le vin : ses maladies, causes qui les provoquent, procédés nouveaux pour le conserver et pour le vieillir*.

Pasteur a d'abord pensé à utiliser des substances chimiques pour éliminer les micro-organismes indésirables, puis, devant les échecs, s'est tourné vers le chauffage à des températures comprises entre 60 et 100 °C (ou pasteurisation). Depuis, des progrès considérables ont été effectués dans la conduite des fermentations et la connaissance de leurs mécanismes. La pasteurisation a été abandonnée au profit de la première idée de Pasteur : l'utilisation de composés chimiques pour éliminer les germes indésirables. La fermentation alcoolique du vin est en effet un processus extrêmement complexe qui implique de nombreux microorganismes présents sur le raisin. Depuis les années 1970, on essaie de mieux la contrôler, en inoculant au moût traité au dioxyde de soufre (ou sulfite) des souches sélectionnées de *S. cerevisiae* ou d'autres *Saccharomyces*, ou encore des hybrides. Aujourd'hui, diverses souches de *S. cerevisiae* ou hybrides sont utilisées pour inoculer les moûts de raisin en fonction de ce que l'on souhaite obtenir. En dehors de propriétés particulières que l'on peut rechercher, les souches sont sélectionnées pour leur résistance au sulfite, ce qui permet de mieux éliminer les souches de microorganismes indésirables, plus sensibles à cette substance.

La naissance des bulles, entre histoire et légende

Toute fermentation alcoolique entraîne la formation de gaz carbonique. D'abord dissous dans le liquide, ce dernier se dégage ensuite dans l'atmosphère sous forme de bulles. Lorsque la fermentation alcoolique arrive à son terme, à la pression atmosphérique, il n'y a plus de bulles dans le liquide. Mais il est possible de fermer le récipient avant que tout le sucre ne soit transformé en alcool : le gaz carbonique ne peut donc se dégager et se dissout dans le liquide tout en augmentant la pression à l'intérieur du récipient, qui peut finir par exploser. Si on l'ouvre, le gaz carbonique dissous s'échappe en formant des bulles qui peuvent persister dans le liquide jusqu'à ce que la pression soit devenue égale à la pression atmosphérique.

C'est ce phénomène qui est mis en jeu dans les boissons naturelles effervescentes : vin, cidre ou bière. Le processus de fermentation peut aussi s'arrêter naturellement, par exemple si la température devient trop basse, et reprendre lorsque les conditions sont redevenues favorables. On obtient alors, tant que la fermentation n'est pas terminée, un vin légèrement effervescent. Cette tendance pétillante, connue depuis l'Antiquité, est longtemps restée aléatoire.

Selon la légende, en 1531, à l'abbaye bénédictine de Saint-Hilaire dans l'Aude, un moine aurait obtenu un vin qui prenait mousse après avoir été mis en bouteille et fermé par un bouchon : ce serait là l'origine de la blanquette de Limoux. D'autres anecdotes voisines – et tout aussi invérifiables ! – existent dans la plupart des régions ou des pays producteurs de vins effervescents. En réalité, la maîtrise de l'effervescence du vin n'est devenue possible que depuis l'apparition de bouteilles en verre à paroi épaisse, hermétiquement fermées par un bouchon.

Si la fabrication de la première véritable bouteille de vin est attribuée à la verrerie de Kenelm Digby en Angleterre vers 1630, il faut attendre le XVIIIe siècle pour que cette production de bouteilles à paroi épaisse se développe, notamment en France. Il ne semble pas que ce soit Pierre Pérignon, dit dom Pérignon, régisseur de l'abbaye de Hautvillers, près d'Épernay, dans la Marne, qui ait inventé la méthode dite « champenoise » à la fin du XVIIe ou au tout début du XVIIIe siècle. Il est vraisemblable cependant qu'accidentellement, du vin gris effervescent ait pu être produit à Ay et à Épernay à cette époque, à partir d'un cépage morillon à raisins à peau noire et à pulpe blanche, et commercialisé.

C'est ainsi qu'un début de demande se fait jour pour ce vin à effervescence aléatoire dont les bulles, en dehors de leur effet direct sur les papilles, favorisent la diffusion des arômes. Quelques domaines champenois – peu nombreux – ont alors tenté de mieux maîtriser l'effervescence du vin gris, à partir des années 1710-1720. Les premières bouteilles françaises à verre épais, imitant les bouteilles anglaises et pouvant supporter une pression interne importante, sont fabriquées vers 1728 en Argonne, dans le nord-est de la France. À peu près à la même époque, les chevilles de bois entourées de chanvre, qui fermaient les bouteilles mais sautaient facilement, sont remplacées par des bouchons en liège plus hermétiques. Pour maintenir plus sûrement les bouchons, on les fixait avec deux ficelles croisées.

En 1844, un négociant de Châlons-en-Champagne, Adolphe Jacquesson, a l'idée d'introduire une plaque en fer-blanc entre les ficelles et le liège pour mieux équilibrer les forces. Puis le ficelage est doublé par des fils de fer torsadés qui finissent par être seuls employés. C'est la naissance vers 1880 des muselets, toujours utilisés actuellement et qui permettent de parfaitement maintenir le bouchon.

À la fin du XIXe siècle, tout est prêt pour enfin complètement maîtriser la seconde fermentation en bouteille caractéristique de la méthode champenoise. Après la première fermentation en cuve, les vins de base dits « encore tranquilles » sont assemblés et mis en bouteille avec une dose variable de sucre, du vieux vin et des levures. Ces levures assurent la seconde fermentation en bouteille et la production de gaz carbonique. Il faut ensuite éliminer les levures mortes qui, par remuage sur des pupitres, sont positionnées au niveau du goulot. Ce dépôt est éjecté après congélation et ouverture de la bouteille. Le liquide ainsi dégorgé est remplacé par du vin vieux contenant ou non du sucre suivant le type de champagne voulu. La dernière opération consiste à reboucher la bouteille et à la museler à nouveau. Les levures utilisées dans cette seconde fermentation doivent pouvoir se développer dans des conditions de pression élevée avec des teneurs en alcool proches de 10 %. Après leur mort (ou autolyse), elles doivent aussi être aptes à bien précipiter après floculation afin d'être facilement éliminées au moment du dégorgement. Au cours de l'autolyse, les levures libèrent différents constituants susceptibles de modifier les propriétés organoleptiques et moussantes du vin : par exemple des acides gras, qui sont ensuite oxydés et transformés en molécules plus petites. Un travail de sélection de souches a commencé pour optimiser cette seconde fermentation.

Des moisissures aussi utiles que les levures

Les moisissures sont comme les levures des micromycètes – autrement dit, des champignons microscopiques qui, bien qu'ils ne soient pas visibles immédiatement, sont présents partout sous forme de spores. Ce sont essentiellement des ascomycètes, mais pour certains, la forme parfaite ou sexuée n'est pas connue. Quand l'humidité est suffisante, les moisissures se développent sur tous les substrats organiques riches en sucres, acides aminés ou lipides, et particulièrement sur les aliments avariés. En raison de leur odeur, le moisi, et de l'aspect peu engageant du mycélium lorsqu'il se développe, les moisissures ont mauvaise réputation. Elles peuvent produire des toxines parfois à l'origine d'intoxications alimentaires. Les spores peuvent avoir aussi un effet allergène, provoquer des pneumopathies ou entraîner des infections pulmonaires chez les personnes dont les défenses immunitaires sont amoindries. Mais il faut bien avoir à l'esprit que les moisissures sont des décomposeurs naturels qui jouent un rôle essentiel dans le recyclage de la matière organique. Et si elles peuvent engendrer des inconvénients, elles peuvent aussi souvent être avantageusement valorisées.

Une moisissure qui peut transformer le vin en nectar

La moisissure *Botrytis cinerea* Pers. est responsable de la pourriture grise, une maladie très commune qui sévit sur beaucoup de plantes d'intérêt économique dans les régions tempérées. Il s'agit d'un ascomycète qui se reproduit essentiellement par voie végétative sous forme de mycélium. Cette pourriture, qui peut provoquer des dégâts considérables chez beaucoup de fruits et légumes, a été mise à profit et véritablement détournée de sa fonction originelle pour permettre la production de vins riches en sucre et aux arômes inoubliables. À la fin de l'été ou à l'automne, le *Botrytis* profite de l'humidité matinale pour proliférer sur les grains de raisin à maturité, comme par exemple à proximité de la rivière le Ciron, dans le Sauternais. Mais le soleil, encore puissant à cette époque de l'année, en arrivant sur les grappes, provoque un état de stress chez le fragile champignon qui, pour survivre, doit prélever de l'eau à l'intérieur des grains, augmentant ainsi la concentration en sucres de ces grains et permettant à de nouveaux et délicats arômes de se développer. Un miracle se produit : la pourriture grise se change en pourriture noble et permet l'élaboration de vins exceptionnels. Mais un rien suffit – quelques gouttes de rosée qui ne s'évaporent pas assez vite… – pour que la pourriture noble revienne à son état initial et altère les grains de raisin. Et il n'est pas question d'utiliser des fongicides qui détruiraient le champignon ! Rien de plus difficile que de conduire un tel mode de récolte ; un temps capricieux ne se maîtrise pas ; un orage peut tout saccager. Le vigneron peut être amené à récolter en vendange dite « tardive » et parfois grain par grain en revenant à plusieurs reprises : c'est la sélection de grains nobles en Alsace. Le raisin peut parfois même être récolté après les premières gelées : c'est le vin de glace, encore plus chargé en sucres que celui issu de vendanges

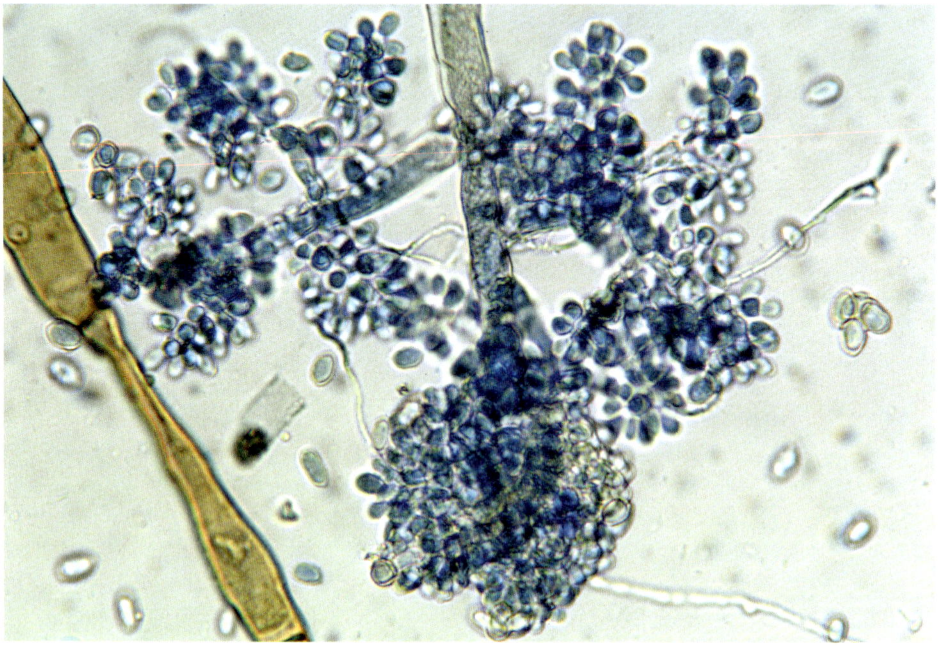

Conidiophores de *Botrytis cinerea* portant des conidies ou spores asexuées.
© Inra, Marc Fouchard, Versailles-Grignon.

tardives. Le passerillage, qui consiste à enlever les feuilles autour des grappes, est une technique proche qui peut favoriser le *Botrytis*. Mais la simple exposition des grappes sur pied au soleil peut suffire à enrichir les grains en sucre. Dans certaines régions, les vignerons vont plus loin et exposent les grappes au soleil sur claies ou sur paille : c'est le célèbre vin de paille du Jura.

Nul ne sait quand l'utilisation de la pourriture noble a été mise en œuvre pour la première fois. Il semble que cette technique soit née dans différentes régions ou pays, indépendamment ou non. Dans le Bordelais, elle joue un rôle essentiel dans l'élaboration des grands vins blancs liquoreux – sauternes, avec les incomparables châteaux d'Yquem et Cheval Blanc, monbazillac, barsac. Dans le val de Loire, ce sont les coteaux-du-layon. En Alsace, ce sont les vins de vendange tardive ou issus de la sélection de grains nobles. En Hongrie, c'est le tokay, et en Allemagne, ce sont les Auslee, Beerenauslee et Trockenbeerenauslee.

La cuisine asiatique sublimée par l'utilisation de moisissures

La cuisine asiatique est considérée comme une des meilleures du monde par la qualité et la diversité des ingrédients utilisés ou des procédés mis en œuvre. Elle est le fruit de traditions millénaires impliquant l'action de nombreux micro-organismes, dont beaucoup de moisissures comme *Aspergillus oryzae*. Cet ascomycète de la famille des Aspergillacées comprend un grand nombre d'espèces considérées comme des moisissures. Le genre *Aspergillus* a été proposé en

1729 par le biologiste italien Pier Antonio Micheli et l'espèce *oryzae* en 1876 par un Allemand, Herman Ahlburg, enseignant à la faculté de médecine de Tokyo. Ce champignon a été mentionné pour la première fois en Chine dans le *Zhouli* ou *Rites des Zhou*, à une époque qui pourrait correspondre au début de l'ère chrétienne. Il est incontournable dans l'alimentation chinoise ou coréenne traditionnelle, et dans celle du Japon où il a été introduit au Moyen Âge. Il intervient dans la fabrication de plusieurs aliments issus de la fermentation du soja : la sauce soja, le *jiang* (ou *miso*) et le *douchi*. Il est également utilisé pour l'élaboration de boissons alcoolisées, distillées ou non, à base de riz ou d'autres céréales, dont le saké et l'amazaké japonais, ainsi que les alcools de riz chinois (*huangjiu*) dont le célèbre vin de riz de Shaoxing.

Mais la réalité est plus complexe : *A. oryzae* n'est en effet qu'un des microorganismes intervenant dans la fermentation du soja ou des céréales. Les ferments originels chinois sont des mélanges complexes de diverses moisissures appartenant aux genres *Aspergillus*, *Rhizopus*, *Mucor* et de levures dont la plus fréquente est *Saccharomyces cerevisiae*. Il faut ajouter diverses bactéries qui peuvent intervenir dans ces processus complexes. Il n'en reste pas moins qu'*A. oryzae* est un élément essentiel, qui intervient d'abord dans l'hydrolyse de l'amidon en glucose. La fermentation par des levures ne se produit qu'après cette première phase, encore appelée saccharification. Les méthodes modernes de culture, d'identification et de sélection des microorganismes ont entraîné une rationalisation des processus de fermentation.

La sauce soja, de couleur brunâtre, plus ou moins foncée, est traditionnellement obtenue par fermentation de graines de soja en Chine ou en Corée, et au Japon, par fermentation d'un mélange de graines de soja et de blé. C'est le principal condiment de la cuisine asiatique. Il en existe une infinie variété suivant le mode de préparation et le niveau technologique employé. Mais même la méthode actuelle dite « traditionnelle » est fortement tributaire des techniques modernes de microbiologie. Au Japon, les graines de soja sont d'abord humidifiées par trempage dans de l'eau pendant une quinzaine d'heures, puis passées à l'autoclave. Le blé est torréfié aux environs de 175 °C, broyé et mélangé en quantité égale au soja. Le tout est inoculé par une culture pure d'*A. oryzae* et fermente pendant 45 heures à l'air libre, ce qui peut entraîner des contaminations indésirables. *Le kōji* ainsi obtenu est salé et inoculé par une bactérie lactique résistante au sel, *Tetragenococcus halophilus*, puis, après un mois, par une levure, *Zygosaccharomyces rouxii*. On obtient ainsi le *moromi*, qui est ensuite pressé et filtré. Dans les procédés plus industriels, on minimise par divers procédés les contaminations mal maîtrisées des méthodes traditionnelles.

Le *miso* est un aliment japonais qui s'y est développé à partir du VIIIe siècle et est plus ou moins l'héritier du *jiang* chinois, un soja fermenté. On en connaît une multitude de formes suivant les ingrédients et les procédés mis en œuvre. Comme pour la sauce soja, il existe deux phases : un ensemencement avec *A. oryzae*, que l'on cultive sur céréales et qui donne le *kōji*, puis une seconde phase où interviennent des levures et des bactéries lactiques. Le *miso* est le plus souvent utilisé en soupe – une des boissons favorites des Japonais au petit déjeuner. Elle n'a cependant pas eu un succès considérable en dehors du Japon... Le *miso* peut aussi servir de condiment en particulier pour le *tofu*, un aliment issu de la fermentation du lait de soja jaune et dont le goût est neutre. On prête au *miso* de nombreuses propriétés bénéfiques dans l'alimentation humaine : il contient en effet tous les acides aminés essentiels et possède de nombreuses bactéries qui facilitent la digestion ; enfin, il permet de limiter les apports en sel.

Un autre condiment issu de la fermentation du soja par *A. oryzae* est le *douchi*. On recourt à cet effet à du soja à graines noires, salé. Ce condiment, d'abord utilisé en Chine au IIe siècle av. J.-C., est apprécié sur l'ensemble du continent asiatique pour son goût complexe et très prononcé.

A. oryzae intervient aussi dans la fabrication d'alcools de riz. Pour le saké japonais, le riz est d'abord cuit à la vapeur, puis ensemencé par des conidies* (ou spores asexuées) du champignon qui s'y développe et dégrade l'amidon en glucose. On obtient ainsi le *kōji* qui, dilué dans de l'eau, va subir une fermentation alcoolique sous l'effet de diverses levures comme *Candida sake* et *Saccharomyces cerevisiae*, dont il existe des souches spécifiques au saké.

Le vin de riz Shaoxing, produit en Chine dans le Zhejiang, est fabriqué suivant les mêmes principes que le saké. Les ferments utilisés sont en général plus complexes et comprennent divers champignons associés à *A. oryzae*.

Des moisissures qui guérissent

On rapporte que dans l'Antiquité ou plus tard au Moyen Âge, des moisissures se développant sur des fruits ou d'autres substrats organiques – comme les harnais de chevaux des cavaliers arabes ! – étaient utilisées pour prévenir les infections des blessures. Une recherche dans les textes anciens ne nous paraît pas confirmer ces affirmations. La notion d'antibiose, définie en 1941 par Selman Abraham Waksman, qui a créé le mot *antibiotique* en 1945, semble due à Jean-Antoine Villemin, médecin militaire épidémiologiste, qui a entre autres démontré la transmissibilité de la tuberculose. En 1877, Pasteur et Joubert avaient déjà mis en évidence l'antagonisme microbien en montrant clairement que le développement de la bactéridie* du charbon pouvait être inhibé par l'introduction dans le milieu de culture de bactéries communes comme *Escherichia coli*. Mieux encore, ils avaient démontré que ce phénomène pouvait se produire chez l'animal :

Chose bien remarquable, ce même phénomène se passe dans le corps des animaux qui sont le plus aptes à contracter le charbon et l'on arrive à ce résultat surprenant qu'on peut introduire à profusion dans un animal la bactéridie charbonneuse sans que celui-ci contracte le charbon : il suffit qu'au liquide qui tient en suspension la bactéridie on ait associé en même temps des bactéries communes. Tous ces faits autorisent peut-être les plus grandes espérances au point de vue thérapeutique.

Rappelons aussi que Pasteur avait été le premier à cultiver des bactéries. Un autre jalon sur la route de la découverte des antibiotiques se trouve dans les travaux de Gabriel Roux aux environs de 1895, et en 1897 dans la thèse d'Ernest Duchesne, élève de Gabriel Roux, intitulée *Contribution à l'étude de la concurrence vitale chez les microorganismes, antagonisme entre les moisissures et microbes*. Gabriel Roux est assistant en parasitologie à la faculté de médecine de Lyon et directeur du bureau municipal d'hygiène de la ville. Il est un excellent microbiologiste et s'intéresse à la fois à des champignons pathogènes comme *Candida albicans* et à des bactéries responsables de plusieurs maladies. Il possède en culture diverses moisissures dont *Penicillium glaucum*, qui semble avoir un effet antagoniste sur des bactéries. Il propose en 1896 à Ernest Duchesne, entré en 1894 à l'École du service de santé militaire de Lyon, de travailler sur ce sujet et d'y consacrer sa thèse. Duchesne effectue des co-cultures de *P. glaucum* et du bacille d'Eberth – ou bacille de la typhoïde (*Salmonella typhi*). Il s'aperçoit avec surprise que le champignon disparaît en présence de la bactérie. Il se pose alors la question de savoir si l'inverse ne pourrait pas être vrai : si le champignon ne pourrait pas, dans certaines conditions, inhiber le développement de la bactérie. Il inocule simultanément à deux cobayes la bactérie d'Eberth et une culture de *P. glaucum*. Les deux cobayes survivent alors que deux autres qui avaient été seulement inoculés par la bactérie meurent.

*Il semble, d'autre part, résulter de quelques-unes de nos expériences, malheureusement trop peu nombreuses et qu'il importera de répéter à nouveau et de contrôler, que certaines moisissures (*Penicillum glaucum*), inoculées à un animal en même temps que des cultures très virulentes de quelques microbes, pathogènes (*B. coli *et* B. typhosus *d'Eberth), sont capables d'atténuer dans de très notables proportions la virulence de ces cultures bactériennes.*

Ces expériences, souffrant d'un manque de répétition comme le constate lui-même Duchesne, ne seront pas publiées.

Alexander Fleming, médecin britannique, devient en 1918 directeur adjoint du département inoculation de l'hôpital Saint Mary à Londres. Il avait choisi cet hôpital avant la guerre parce qu'il était proche d'une piscine où il aimait nager ! Ce choix s'est révélé particulièrement judicieux par la qualité de l'environnement scientifique qu'y a trouvé Fleming et surtout par la liberté qui lui a été donnée dans l'orientation de son activité de recherche. En 1929, il publie un article exceptionnel tiré de ses travaux dans cet hôpital et intitulé « *On the Antibacterial Action of Cultures of a Penicillium, with Special Reference to their Use in the Isolation of B. influenzæ* ». Dans cet article, il remercie trois collaborateurs, Frederic Ridley et Stuart Craddock pour leur participation aux cultures de champignons, ainsi que Charles J. La Touche, un mycologue irlandais, pour l'identification des *Penicillium*. Fleming explique qu'il a laissé volontairement des cultures de divers

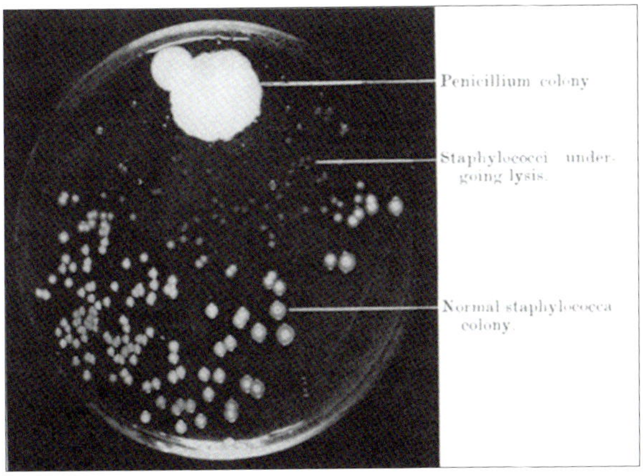

Photographie d'une boîte de Petri montrant l'effet d'une colonie de *Penicillium* sur des colonies de staphylocoques. Extrait d'Alexander Fleming, 1929, *British Journal of Experimental Pathology*, volume X, n° 3.

staphylocoques en boîte de Petri sur une paillasse de son laboratoire et qu'il les examine de temps en temps. Les boîtes régulièrement ouvertes se contaminent par divers micro-organismes en provenance de l'atmosphère. Il observe, autour d'une large colonie de moisissures qui avaient contaminé le milieu, que les staphylocoques étaient détruits et que les colonies devenaient transparentes. Il constate que plusieurs moisissures identifiées par Charles La Touche provoquaient ce phénomène avec des intensités diverses : *Eidamia viridiscens, Botrytis cineria, Aspergillus fumigatus, Sporotrichum, Cladosporium* et huit souches différentes de *Penicillium*. Sur ces huit souches, une était particulièrement active. Il isole cette souche que La Touche détermine comme proche de *P. rubrum*, et qui sera ensuite dénommée *P. notatum*.

Fleming tente de caractériser les propriétés du ou des composés bactériolytiques* qui diffusent dans le milieu. Il montre que le bouillon de culture dans lequel les moisissures s'étaient développées à température ambiante pendant une ou deux semaines avait acquis des propriétés inhibitrices, bactéricides et bactériolytiques vis-à-vis des principales bactéries pathogènes. Il donne le nom de *pénicilline* à ce mystérieux composé qui, au bout de 10 à 14 jours à température de la pièce, perd après filtration son pouvoir. Fleming montre que les propriétés de la pénicilline ne sont pas affectées par quelques minutes à ébullition alors qu'un passage de 20 minutes à l'autoclave à 115 °C les détruit. Il montre aussi que le bouillon de culture peut être dilué huit cents fois sans perdre ses propriétés bactéricides. Fait particulièrement remarquable : ce dernier, filtré, contenant la pénicilline, injecté à des souris ou à des lapins, n'est pas toxique pour les animaux même à dose élevée et n'interfère pas sur l'action des lymphocytes. Fleming suggère que cette substance, bien qu'instable, pourrait être utilisée en injection ou en application pour lutter contre les microbes sensibles à la pénicilline. En effet, il constate que si les staphylocoques, les gonocoques, les pneumocoques, *Micrococcus lysodeicticus* ou *Corynebacterium diphtheriae* sont très sensibles ou sensibles, d'autres bactéries comme les entérocoques ne sont pas affectées par la pénicilline. Il montre aussi que la pénicilline peut servir à isoler des bactéries insensibles comme *Bacillus influenzae*.

Il est étonnant que Fleming n'ait pas testé la pénicilline sur des souris infectées par des bactéries pathogènes. Selon Ernst Boris Chain, chercheur d'origine allemande qui fera le premier essai sur des souris, il semble que les esprits, influencés par les succès de l'immunothérapie, n'étaient pas prêts à accepter la chimiothérapie comme moyen de traitement des maladies infectieuses. Cependant, l'article fondateur de Fleming, qui est le fruit d'un travail méthodique et non celui du hasard comme il est souvent écrit, allait bouleverser la médecine dans le monde et sauver des millions de vie. Mais il y fallait pour cela une suite ! À partir de 1938, à l'université d'Oxford, Howard Walter Florey, un chercheur d'origine australienne, et Ernst Boris Chain, qui avait fui le nazisme, commencent à travailler sur la pénicilline avec l'aide de la Fondation Rockefeller, sans imaginer que ce composé pourrait un jour être utilisé en médecine. C'est d'abord la seule curiosité scientifique qui les pousse. Ils réussissent à isoler le composé actif qui était mélangé à une trentaine d'autres substances et à déterminer, avec Edward Abraham et d'autres collaborateurs, une partie de sa structure chimique à partir d'une souche de *Penicillium notatum*. La structure de la pénicilline sera définitivement élucidée par Dorothy Hodgkin en 1945. En 1940, un premier essai sur huit souris infectées par des streptocoques donne des résultats positifs : les quatre souris témoins non traitées par de la pénicilline meurent en 24 heures, alors que les quatre souris traitées survivent. Les premiers essais sur l'homme débutent rapidement et sont publiés en 1941. À cette date, la pénicilline n'est qu'une simple curiosité de laboratoire. Pour transformer l'essai et en faire un médicament accessible à tous, le travail de plusieurs centaines de scientifiques, d'ingénieurs et de techniciens sera nécessaire. Il va être mené aux États-Unis d'Amérique sous la direction de l'Office of Scientific Research and Development, avec essentiellement des fonds privés et peu de subsides gouvernementaux.

Au lieu de cultiver le *Penicillium* sur un milieu liquide dans une multitude de petits flacons en verre, le champignon est placé dans d'immenses fermenteurs dont la capacité peut atteindre plus de 200 m^3. Les souches, les milieux de culture et les méthodes d'extraction sont améliorés. De nombreux brevets sont pris et dès 1942, une société de l'Indiana devient capable de produire de grandes quantités de pénicilline. L'Angleterre devra payer pendant quinze ans des royalties aux États-Unis pour l'exploitation d'une découverte faite sur son sol !...

Le prix Nobel de physiologie ou de médecine 1945 sera décerné conjointement à Sir Alexander Fleming, Ernst Boris Chain et Sir Howard Walter Florey pour la découverte de la pénicilline et de son effet curatif dans diverses maladies infectieuses.

Les travaux de ces trois chercheurs et de leurs nombreux collaborateurs vont entraîner à travers le monde une multitude de recherches sur les antibiotiques. Différentes formes de pénicilline sont découvertes et il deviendra possible de les semi-synthétiser. Les problèmes d'instabilité seront résolus. De même, l'allergie à la pénicilline ou les chocs anaphylactiques trouveront des solutions. La streptomycine est découverte en 1944 par Waksman, un microbiologiste du sol de l'université de Rutgers dans le New Brunswick. La streptomycine, produite par des bactéries filamenteuses du genre *Streptomyces*, a un spectre beaucoup plus large que la pénicilline et est efficace contre la tuberculose qu'elle va contribuer à juguler. Des centaines d'autres antibiotiques produits par les champignons ou d'autres micro-organismes vont être découverts, essentiellement par des sociétés privées. Une exception : la céphalosporine, identifiée en 1948 en Sardaigne dans un petit laboratoire public par Giuseppe Brotzu et produite par un champignon ascomycète du genre *Cephalosporium*.

Mais sur les centaines ou milliers de molécules découvertes, seules quelques dizaines sont utilisables cliniquement. Le principal problème est l'apparition de souches de bactéries résistantes aux antibiotiques. Ce phénomène avait été décrit dès 1943 par Fleming qui avait mis en évidence des staphylocoques résistant à la pénicilline – ces bactéries produisent de la pénicillinase, une enzyme qui la rend inactive. D'autres mécanismes de résistance aux antibiotiques ont été soulignés. L'utilisation massive des traitements antibiotiques en médecine humaine et en médecine vétérinaire favorise, par des phénomènes complexes de génétique des populations, le développement de bactéries résistantes.

Quand des moisissures s'allient aux bactéries

Nous venons de le voir, moisissures et bactéries peuvent être antagonistes, un phénomène qui a été mis à profit dans la lutte contre les maladies infectieuses. Mais l'inverse est parfois vrai, et il existe de nombreux exemples où champignons et bactéries font preuve de synergie. C'est d'ailleurs probablement le cas le plus fréquent dans la nature, où ces deux ensembles de micro-organismes doivent s'associer et se partager le travail pour accomplir des tâches complexes comme la décomposition de la matière organique morte. Dans tous les écosystèmes terrestres, champignons et bactéries coexistent, dialoguent et interagissent constamment, dans un sens ou dans l'autre et le plus souvent en coopérant. Les hommes ont très tôt tenté de mettre à profit ces synergies, comme nous l'avons déjà vu dans le cas du pain au levain, du *jiang* chinois ou du *miso* japonais (voir p. 69). Un exemple encore plus frappant est celui du fromage, dont la naissance date probablement du Néolithique. Il est d'observation courante que si on laisse du lait à l'air libre à température ambiante, il caille en quelques heures par formation d'un solide baignant dans un liquide appelé petit-lait. Cette coagulation est le résultat de l'action de bactéries lactiques présentes un peu partout et appartenant à des genres différents – *Streptococcus, Lactobacillus, Lactococcus*, etc. Par des voies métaboliques complexes, ces bactéries transforment les sucres du lait en acide lactique, lequel va faire baisser le pH* à 4,6 et entraîner sa coagulation. Le caillé ainsi obtenu va servir de base à la fabrication du fromage. Mais il existe une autre manière de faire cailler le lait : la coagulation peut en effet être obtenue par addition de présure, un complexe d'enzymes extraites de la caillette de veau, c'est-à-dire d'une des cavités stomacales de l'animal. Le caillé des fromages industriels résulte en général de la coagulation du lait pasteurisé à la présure. La coagulation des fromages artisanaux est le plus souvent obtenue par un procédé mixte alliant bactéries lactiques et présure.

Il existe des centaines de types de fromage suivant la nature du lait utilisé, la coagulation employée ou les techniques d'affinage. Les bactéries intervenues dans la phase de coagulation ou celles qui se développent sur la croûte du fromage ou à l'intérieur de la pâte pendant l'affinage jouent un rôle essentiel dans la texture et les arômes obtenus. La prolifération de cette flore microbienne dépend des tours de main des fromagers artisanaux ou des techniques d'inoculation microbienne plus sophistiquées utilisées dans l'industrie. Aux bactéries lactiques qui jouent un rôle essentiel dans la coagulation s'ajoutent des bactéries qui métabolisent l'acide lactique ou les lactates en acide acétique ou en acide propionique. L'affinage des fromages à pâte pressée cuite (emmental, comté, gruyère) en dépend. Dans les fromages à croûte lavée, d'autres bactéries – des staphylocoques non pathogènes ou des microcoques – interviennent dans le développement des arômes et du goût.

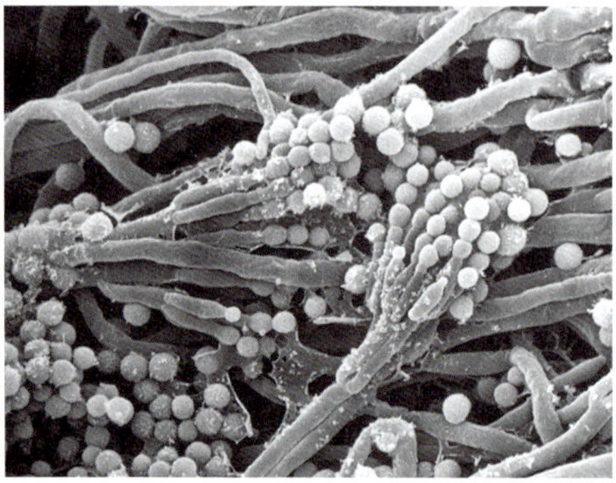

Surface de camembert après sept jours d'affinage, montrant le mode de reproduction des *Penicillium* (avec conidiophores et spores). © Inra, Micheline Rousseau, Recherches laitières, Jouy-en-Josas.

Pour les fromages à pâte molle, qui ne subissent ni chauffe ni pressage, des champignons vont s'allier aux bactéries et participer à l'affinage. Dans ceux à pâte molle fleurie, des *Penicillium* se développent en surface en formant une croûte feutrée ; le plus commun est *P. camembertii*, qui est impliqué dans l'affinage du brie, du camembert et de plusieurs fromages de chèvre. Ce *Penicillium* semble la forme domestiquée de *P. commune*, décrit pour la première fois en 1910 par un mycologue américain, Charles Thom. *P. commune* est un champignon ubiquiste que l'on peut isoler de divers aliments. Il ne semble pas exister dans le milieu extérieur. Dans les camemberts traditionnels (AOC) au lait cru, en général chauffés en dessous de 40 °C, la microflore très complexe est difficile à maîtriser, malgré l'utilisation systématique de souches produites en laboratoire. *P. camembertii* y est très souvent associé à d'autres champignons dont des levures. L'une d'entre elles, *Geotrichum candidum*, contribue à relever le pH de la pâte, à diminuer l'amertume et à donner ainsi au fromage un caractère plus doux. Elle modifie en outre la texture et la structure de la croûte et contribue à la synthèse de divers arômes. S'il se développe trop, *G. candidum* peut entraîner des altérations indésirables, comme la « graisse » ou la « peau de crapaud ». Dans les camemberts industriels, produits à partir de lait pasteurisé (ou thermisé, ou micro-filtré) et dont les fabricants ont renoncé à l'appellation AOC, la microflore est beaucoup plus pauvre et essentiellement constituée de la souche introduite. Il en résulte une constance dans les qualités organoleptiques, mais une diminution de la diversité aromatique.

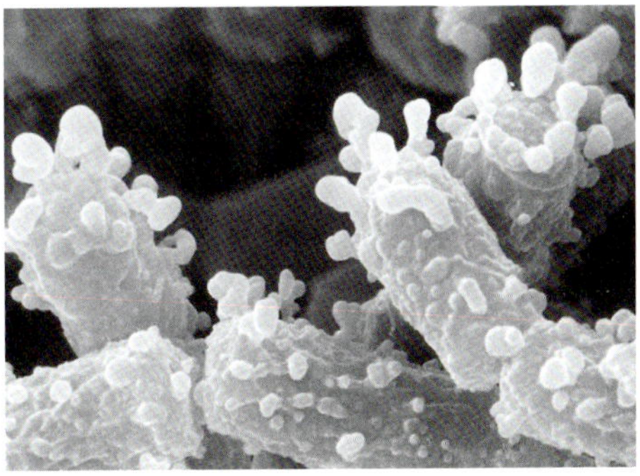

Geotrichum candidum vu au microscope électronique à balayage. Cette levure à haut pouvoir lipolytique et protéolytique participe à l'élaboration de l'arôme et de la texture du fromage. On distingue également des bactéries, beaucoup plus petites, à la surface des levures. © Inra, Micheline Rousseau, Recherches laitières, Jouy-en-Josas.

Dans les fromages à pâte persillée, dont le plus célèbre est le roquefort, c'est un autre *Penicillium*, *P. roqueforti*, qui joue un rôle essentiel. Ce *Penicillium*, qui donne sa couleur bleue caractéristique au roquefort, se développe à l'intérieur du fromage et transforme la pâte en lui conférant cette texture, ce goût et ces arômes si particuliers. Contrairement à *P. camembertii*, *P. roqueforti* est présent dans une large gamme de milieux. Il se développe naturellement dans divers produits alimentaires stockés au froid et est présent dans les sols forestiers ou le bois en décomposition. Il semble cependant exister des différences entre les souches naturelles et les souches cultivées depuis des siècles. On distingue en effet *P. roqueforti*, var. *roqueforti* utilisée uniquement en fromagerie, des variétés sauvages *carneum* et *paneum*. Selon la légende, un berger aurait abandonné un morceau de pain de seigle dans du caillé de lait de brebis. Le champignon aurait ainsi colonisé le caillé qui se serait ainsi transformé en roquefort. Depuis, dans les fromageries artisanales, le champignon est cultivé pendant deux mois dans des caves sur des miches de pain de seigle et de blé humidifiées. La mie de pain colonisée est ensuite séchée, broyée et tamisée. Cette poudre contenant les spores asexuées du champignon (ou conidies) est ensuite incorporée dans la masse du caillé, obtenu par addition de présure à partir de lait cru de brebis chauffé à 30 °C. Dans la production artisanale, chaque fabricant possède ses propres souches alors que dans la fabrication à plus grande échelle, on utilise des souches sélectionnées.

Si les qualités organoleptiques du roquefort dépendent en premier lieu des souches de *Penicillium*, un grand nombre d'autres champignons ou bactéries interviennent. La microflore du roquefort est en effet très complexe et varie suivant le stade de maturation. Elle interagit avec *P. roqueforti* et produit différents composés aromatiques dont dépendent aussi les caractéristiques du produit final. Dans la première phase, après caillage à la présure et avant salage, il y a prédominance de bactéries lactiques. Le nombre de levures augmente régulièrement dans les dix jours qui suivent le traitement à la présure. Une semaine après le salage, la microflore de surface est surtout constituée de levures différentes de celles d'avant salage ; celle de l'intérieur du fromage est dominée par des bactéries lactiques. La pousse du bleu, c'est-à-dire le développement de *P. roqueforti*, débute environ dix jours après le salage dans un milieu déjà transformé par les bactéries et les levures. Dans la phase finale (ou deuxième affinage) qui débute après la mise des fromages sous feuille d'étain, *P. roqueforti* se développe encore avec des populations variées de levures et de bactéries lactiques, dont certaines ont la propriété de stimuler sa croissance. Des interactions de même nature entre *P. roqueforti*, levures et bactéries interviennent dans les autres fromages à pâte persillée au lait de vache : bleus, fourmes, Stilton, Stichelton, Shropshire ou gorgonzola. Suivant le traitement du lait (cru ou pasteurisé), la microflore associée à *P. roqueforti* varie fortement, ce qui explique pour une part les différences organoleptiques entre ces fromages.

Des champignons qui se cultivent

Bien avant les hommes, des insectes sont parvenus à cultiver des champignons pour leur propre consommation en établissant une symbiose complexe avec leurs partenaires fongiques. Un mollusque marin, la littorine, a réussi le même exploit.

Après avoir récolté des champignons dans la nature, les hommes ont tenté à leur tour d'en cultiver. Ce sont les Chinois, il y a environ un millier d'années, qui les premiers ont réussi, avec le *shiitake*, à maîtriser la culture d'un champignon saprophyte. En effet, seuls les champignons vivant à partir de la matière organique morte sont cultivables. Il y a cependant une exception avec la truffe noire du Périgord, dont la domestication a été réussie grâce la culture simultanée de son arbre hôte. Il existe environ trois cents espèces de champignons comestibles dans le monde. Trente, tous saprophytes sauf la truffe noire du Périgord, ont été domestiqués, et une dizaine seulement font l'objet d'un développement commercial important. La Chine est de loin le plus grand producteur de champignons cultivés, avec plus de la moitié de la production mondiale.

Des champignonnistes avant l'heure

La découverte des fourmis, termites et coléoptères champignonnistes date du XIXe siècle, alors que celle de la littorine « fermière » est très récente.

Les fourmis champignonnistes

Chez les fourmis, cette extraordinaire capacité à cultiver des champignons est apparue dans la tribu des *Attini* il y a environ cinquante millions d'années, probablement à la suite d'un ou plusieurs événements qui se sont produits concomitamment à des modifications importantes du patrimoine génétique, comme l'a montré le décryptage du génome de l'une des espèces champignonnistes, *Acromyrmex echinator*. Il existe 210 espèces connues de fourmis champignonnistes décrites, appartenant à treize genres dont les plus importants sont *Atta* et *Acromyrmex*. Ces fourmis, qui se rencontrent uniquement en Amérique, se nourrissent exclusivement du champignon qu'elles cultivent et en sont donc totalement dépendantes. Inversement, le champignon qui appartient à l'espèce *Leucocoprinus gongylophorus* chez les *Atta* et les *Acromyrmex* ne se rencontre que dans les fourmilières. Il existe donc un mutualisme strict entre fourmis et champignon. Les fourmis se partagent le travail : certaines sont spécialisées dans la coupe des feuilles dans les arbres ; d'autres ramassent les feuilles tombées à terre et les découpent en fragments transportables ; un troisième groupe assure le transport jusqu'au nid, qui peut atteindre plusieurs mètres de profondeur et contenir plusieurs millions d'individus. À l'arrivée des fragments de feuilles dans la fourmilière, des ouvrières plus petites les réduisent en morceaux plus petits. L'opération se répète plusieurs fois en une véritable chaîne. Les feuilles ainsi transformées sont emmagasinées dans des chambres humides à température constante où le champignon se développe en un dense feutrage de mycélium. Les ouvrières cultivatrices ensemencent les nouvelles meules avec des gouttes fécales qui contiennent, outre le champignon, des éléments fertilisants et des enzymes contribuant à dégrader les feuilles et à les rendre encore plus assimilables par le champignon. En contrepartie, le champignon forme des vésicules

Fourmi de l'espèce *Atta sexdens* transportant un fragment de feuille pour la culture du champignon *Leucoagaricus gongylophorus*. © Rodolpho Bizarria Junior.

Au laboratoire, jardin d'*Atta sexdens* cultivant *Leucoagaricus gongylophorus*. © Maria Jesus Sutta Martiarena.

(ou gongylidies*) contenant une large vacuole remplie d'éléments nutritifs et de diverses enzymes. Les fourmis récoltent ces vésicules et utilisent leur contenu pour leur propre alimentation ou celle de leurs larves. Fait étonnant, le champignon cultivé dans une colonie est un clone se transmettant de génération en génération de fourmis. Plus surprenant encore : ce mutualisme implique l'existence d'un troisième partenaire. En effet, la quasi-totalité des colonies hébergent un autre champignon, un ascomycète qui est un redoutable parasite des fourmis. Ces dernières sont protégées par des antibiotiques produits par une bactérie filamenteuse du genre *Streptomyces* qui est hébergée sur leur cuticule. Cette bactérie a un double effet : elle inhibe le développement du champignon parasite et favorise celle du champignon mutualiste.

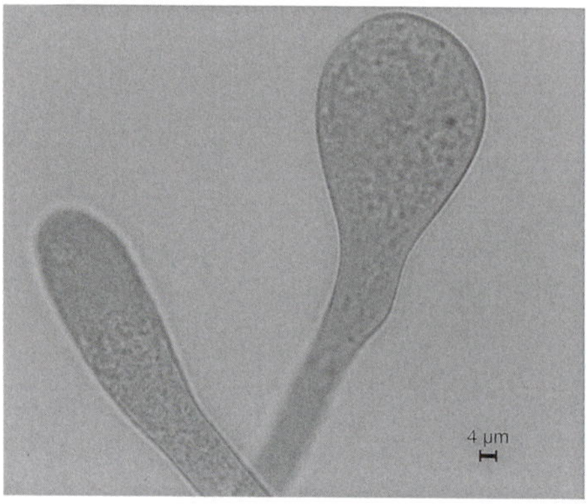

Gongylidies de *Leucoagaricus gongylophorus*. Les fourmis de l'espèce d'*Atta sexdens* se nourrissent exclusivement de ces vésicules fongiques. © Maria Jesus Sutta Martiarena.

Les termites champignonnistes

Des termites ont aussi acquis la capacité de cultiver des champignons, mais dans un contexte mutualiste un peu différent de celui des fourmis. Des termitières fossiles à champignon datant de l'Oligocène (environ 25 millions d'années) ont été découvertes en Tanzanie. Une analyse phylogénique des termites date l'apparition de cette association à environ 30 millions d'années, mais avec une incertitude pouvant aller jusqu'à 50 millions d'années. L'événement ayant donné naissance à cette symbiose semble unique et se serait transmis sans changement notoire jusqu'à nos jours chez un nombre limité d'espèces apparentées. Il existe en Afrique et en Asie environ 350 espèces de termites connues qui ont perdu la capacité de digérer la cellulose et la lignine du bois. Ces termites ingèrent des particules de bois grossièrement mastiquées qui sont rejetées sous forme de boulettes fécales primaires appelées mylosphères. Ces boulettes fécales sont constituées de matériel ligneux peu altéré et de spores asexuées de champignon. Elles sont empilées dans des chambres souterraines pour former des meules. Les champignons basidiomycètes se développent sur les meules et produisent simultanément des spores asexuées et des nodules qui sont des *primordia** de basidiocarpes*. Les termites consomment ces nodules qui leur permettent de produire dans leur tube digestif des enzymes capables de dégrader la cellulose, le xylane* ou la pectine*. Ces enzymes que ne peuvent synthétiser les termites seules ont donc une double origine, fongique et animale. Après ingestion des nodules fongiques, les termites en mesure de synthétiser des enzymes capables de digérer des formes complexes de matière organique consomment celle des mylosphères. En Afrique, l'espèce *Macrotermes natalensis* cultive une seule espèce du genre *Termitomyces* alors que d'autres termites en cultivent plusieurs. La transmission est soit verticale, c'est-à-dire de génération en génération comme chez *Macrotermes bellicosus*, soit horizontale comme chez toutes les autres espèces de termites champignonnistes. Dans le cas d'une transmission

Meule et fructification de *Termitocytes medius* avec sa pseudorhize. © N'Golo Abdoulaye Kone.

Meule de termites *Macrotermes bellicosus* avec nodules de champignons. © N'Golo Abdoulaye Kone.

Primordia de *Termitomyces letestui* ayant envahi une meule de *Pseudoacathotermites militaris.* © N'Golo Abdoulaye Kone.

Chapeaux à vendre au bord d'une route en Côte d'Ivoire… Plus précisément, des carpophores de *Termitomyces shimperi.* © N'Golo Abdoulaye Kone.

horizontale, les champignons symbiotes fructifient. En revanche, les champignons des termites qui utilisent la transmission verticale ne produisent jamais de carpophores*. Le genre *Termitomyces*, de la famille des agarics, vit uniquement en symbiose avec des termites. Il a été subdivisé en sous-genres et comprend une quarantaine d'espèces qui se reproduisent à l'extérieur des termitières grâce à un *perforatorium* capable de transpercer les parois de la termitière avec autant de force que l'agaric qui soulève le bitume. Ce *perforatorium* se trouve à l'extrémité d'une structure mycélienne très compacte appelée pseudorhize, qui donnera ultérieurement le chapeau. Suivant les espèces, les dimensions du chapeau sont très variables : de deux centimètres de diamètre (*T. microcarpus*) à un mètre chez *T. titanicus*, plus grand champignon existant au monde.

Les coléoptères jardiniers

Les coléoptères jardiniers (ou coléoptères à Ambrosia) sont le plus souvent des scolytes* (*Scolytidae*) et plus rarement des *Platypodidae*, qui vivent dans le bois où les larves et les adultes creusent des galeries. Le nombre d'espèces est estimé à au moins trois mille. Le terme *ambrosia* (ou nourriture des dieux) a été donné en 1836 par l'entomologiste allemand Joseph Schmidberger à la substance blanche d'origine inconnue qui était consommée dans des galeries par des scolytes. La sciure de bois est repoussée à l'extérieur des galeries et n'est pas consommée par les insectes. Diverses espèces de champignons se développent dans les galeries, souvent en communautés. Il s'agit de champignons imparfaits dont la forme sexuée n'est pas connue, de basidiomycètes ou d'ascomycètes. Certains appartiennent au genre *Ambrosiella* dérivé du terme *ambrosia*. Le genre le plus connu est *Raffaelea*. Ces champignons ont la capacité de se développer soit sous forme de mycélium, soit sous forme *ambrosia*, c'est-à-dire en croûte compacte, soit encore sous forme de levure. On dit qu'ils sont pléomorphes. Les insectes, larves ou adultes consomment les champignons qui se développent dans les galeries et prolifèrent. Ils vivent soit dans le bois mort, soit dans le bois vivant. Ils peuvent alors provoquer des dégâts considérables. C'est ainsi que des millions de lauriers ont été détruits en Floride à la suite de l'arrivée en 2002 d'un scolyte en provenance d'Asie et transportant *Raffaelea lauricola*. Les arbres sont morts à la fois du creusement de galeries par l'insecte et du développement des hyphes du champignon qui obstruait les vaisseaux du bois.

Les littorines jardinières

En 2003, sur la côte Est des États-Unis, Brian Silliman et Steven Newell ont fait une découverte surprenante en étudiant une littorine – un petit mollusque gastéropode qui vit dans les marais salés de la zone intertidale. *Littoria irrorata* se nourrit aux dépens d'une graminée des vases littorales, la spartine alterniflore, qui tolère une submersion temporaire. Avec sa radula*, la littorine inflige des blessures longitudinales aux feuilles de la spartine et y dépose des boulettes fécales qui contiennent des champignons ascomycètes. Ces champignons se développent sur les tissus blessés et les boulettes fécales. Leur mycélium est ensuite consommé par les littorines dont la prolifération est fortement diminuée en l'absence de champignon.

Ces divers exemples d'insectes ou de mollusques champignonnistes cachent des processus d'une extrême complexité et posent le problème de la mise en place par coévolution de ces mécanismes mutualistes. Cette question se pose dans toutes les symbioses, mais il est encore plus difficile d'y répondre dans le cas des insectes où, aux mécanismes passifs déjà complexes, s'ajoutent les questions du comportement.

Cultivé depuis plus d'un millier d'années

Le *shiitake* (*Lentinula elodes*), dont le nom vernaculaire est d'origine japonaise, est utilisé soit pour ses qualités gustatives, soit pour ses propriétés médicinales. Consommé frais ou séché, il intervient dans de nombreuses préparations culinaires asiatiques (soupes, salades, grillades, etc.). Il est connu pour ses propriétés thérapeutiques, bien que celles-ci soient mal définies et n'aient jamais été démontrées. Le *shiitake* aurait ainsi des vertus antitumorales, anticholestérol, diminuerait le stress, stimulerait l'immunité naturelle, l'appétit sexuel ou encore favoriserait la longévité. Cette réputation n'a fait que croître avec le temps et avec l'attrait croissant des consommateurs du monde entier pour les produits exotiques auréolés de toutes ces bienfaits. Un tel engouement a suscité de nombreuses recherches. C'est ainsi que diverses molécules ont été découvertes chez le *shiitake* : citons l'ergothionine, qui pourrait neutraliser les radicaux libres responsables du vieillissement. Malgré ces nombreux travaux scientifiques (ou pseudo-scientifiques…), les supposées propriétés bénéfiques du *shiitake* relèvent plus de croyances que de la raison.

Le *shiitake* est naturel dans les régions tempérées d'Asie (Chine, Japon, Corée). Il s'y développe isolé ou en touffes sur des branches mortes ou sénescentes de feuillus (chênes, châtaigniers ou espèces proches) vers 2 000 m d'altitude. Son chapeau est d'aspect assez variable, de couleur à dominante brune avec des lanières ou mèches plus claires, parfois blanches. Il porte des lamelles blanches devenant beige à maturité. Sa chair est blanche et exhale un parfum discret et agréable. Le pied ferme est plus clair que le chapeau, avec des taches brunes, et peut porter un anneau laineux.

Sa culture sur des bûches de bois a été décrite pour la première fois dans la province chinoise de Zhejiang par Wu Sang Kwuang sous la dynastie Song (960-1279). Mais il est probable que le *shiitake* était consommé depuis beaucoup plus longtemps dans le pays. Wu Sang Kwuang observa que des branches récoltées sur des arbres où se développait le champignon produisaient plus de fructifications si elles étaient trempées dans de l'eau. Ces bûches humidifiées étaient ensuite laissées en forêt à l'abri des arbres. Les fructifications apparaissaient au bout de plusieurs années. Le *shiitake* ainsi produit est devenu très populaire.

En 1914, le Japonais Shozaburo Mimura a été le premier à rationaliser la culture du *shiitake* en inoculant des bûches de bois par des cultures pures de mycélium. Un Chinois, Chang-Chich Hu de l'université de Jing-Ling (actuelle université de Nankin), introduisit cette nouvelle technique en Chine à son retour du Japon. Aux environs des années 1970-1980, l'artificialisation de la culture du *shiitake* en Chine fit un nouveau pas avec l'utilisation de bûches ou de blocs constitués de sciure de bois et de paille, de rafles de maïs ou d'autres matières organiques, additionnées de calcaire ou de gypse et de sucres. L'Inra a contribué à la mise au point de substrats de culture à base de paille de blé pour la culture du *shiitake* ou d'autres champignons saprophytes lignivores (pleurotes, pieds bleus, volvaires, etc.). Les bûches artificielles sont maintenant stérilisées, inoculées avec du mycélium issu de culture pure et maintenues dans des conditions hygrométriques et de températures optimales. Il est ainsi possible de produire du *shiitake* en quelques semaines, au lieu de plusieurs années avec les bûches traditionnelles. Cependant, certains amateurs éclairés préfèrent toujours le *shiitake* cultivé de manière traditionnelle sur bûches en forêt au *shiitake* obtenu en conditions totalement artificielles. La Chine est le premier producteur et consommateur au monde ; la culture du *shiitake* s'est cependant développée un peu partout sur la planète, et en particulier en Europe et en Amérique du Nord. De nombreuses souches ont été sélectionnées en fonction des caractères désirés (taille des fructifications, forme, couleur, optimum de température de croissance).

Le *shiitake* est à l'heure actuelle le champignon le plus cultivé dans le monde après celui de Paris et les pleurotes.

Du melon au champignon de couches

L'idée de cultiver des champignons dits « de couche » date du XVIIe siècle. Les premières tentatives sont effectuées par des jardiniers des environs de Paris, probablement des producteurs de melon qui essayent de diversifier leur production. Nous connaissons très bien cette histoire grâce au botaniste Joseph Pitton de Tournefort et à sa communication faite à l'Académie royale des sciences de Paris le 2 mars 1707, intitulée *Observations sur la naissance et sur la culture des champignons*. Il s'agit non pas de champignons en général, mais d'un champignon bien précis, d'abord dénommé par Jean Bohin sous le nom de *Fungus campestris albus superne, inserne rubens* dans un ouvrage magistral intitulé *Historia plantarum universalis* et qui décrit cinq mille plantes avec trois mille cinq cents illustrations. Joseph de Tournefort propose d'appeler ce champignon *Fungus sativus, equinus* – c'est aujourd'hui l'agaric *Agaricus bisporus*. En effet, cette espèce se développe naturellement, isolée ou en touffes, sur le crottin de cheval. Elle a été présentée par Nicolas Marchant, un des membres fondateurs de l'Académie royale des sciences de Paris, lors d'une séance de l'année 1678, au cours de laquelle Nicolas Marchant démontra, crottes de cheval momifiées à l'appui, que les filaments blancs qui s'y développaient donnaient naissance aux champignons proprement dits. Dans les jardins de Paris même ou dans la campagne alentour, de nombreux jardiniers ou maraîchers se mirent à cultiver ce champignon en couches probablement dès la fin du XVIIe siècle.

Pour travailler aux couches de jardin, on entasse le fumier de cheval dans le mois de juin pour le laisser en berge comme parlent les jardiniers, jusqu'au mois d'août. Dans le mois d'août on étale ce fumier à la hauteur d'un pied, sur le lieu où l'on veut faire les meules ou couches à champignons afin de le mouiller plus facilement. Cette précaution est nécessaire pour disposer à germer les graines des champignons qui sont naturellement dans le crottin [...]

Après cette préparation du fumier, on peut commencer les couches à champignons. On les fait à trois lits que l'on ne dresse que 15 jours ou trois semaines l'un après l'autre. Le premier lit se dresse au cordeau sans tranchée [...] Ce lit est plat, élevé d'un pied et demi [...] Ce premier lit doit être mouillé tous les deux jours, si le temps est trop sec [...] Vers la mi-août, c'est-à-dire quinze jours après que le premier lit ait [sic] été fait, on travaille au second lit avec le même crottin que l'on a employé pour le premier et que l'on a préparé en l'arrosant suivant le besoin. On élève ce lit en dos d'âne de la hauteur d'un pied par-dessus l'autre [...] On prend soin d'en regarnir proprement le haut en manière de faîte ; cette réparation s'appelle le troisième lit (Joseph Pitton de Tournefort, 1707).

Huit à dix jours après que ces couches avaient été définitivement dressées, on les recouvrait sur un pouce d'un terreau ayant servi à la culture du melon au moins un an auparavant. Le fumier se mettait à fermenter sous l'effet de bactéries et pouvait faire monter la température à l'intérieur de la meule jusqu'à 70 °C ou plus, ce qui avait pour effet de détruire les champignons potentiels – dont beaucoup d'indésirables – et d'enrichir le fumier en azote minéral. Le temps était venu d'introduire le champignon de Paris dans la place ainsi libérée. Les couches étaient alors lardées de morceaux de fumier spécialement préparé pour que le mycélium du champignon de Paris puisse se développer. Après le lardage, les couches étaient recouvertes d'une nouvelle épaisseur de terreau à melon (gobtage*), puis de fumier de cheval. Les premiers champignons apparaissaient en octobre et étaient récoltés tous les trois jours.

En campagne, autour de Paris, les couches étaient dressées en novembre et décembre après ouverture de tranchées qui étaient ensuite remplies de fumier de cheval. La terre retirée des tranchées servait à recouvrir les meules. Ces couches produisaient des champignons du mois de mai jusqu'aux premières gelées. Après épuisement, on y cultivait des chicorées ou d'autres plantes potagères. On a souvent attribué à Jean-Baptiste La Quintinie, d'abord appelé à Versailles par Louis XIV pour diriger l'ancien potager de Louis XIII, puis directeur de tous les jardins fruitiers et potagers du roi, l'origine de la culture du champignon de Paris. Or, aucun document ne permet d'attester que La Quintinie ait cultivé des champignons de couches pour le roi... Dans son ouvrage *Instruction pour les jardins fruitiers et potagers*, publié après sa mort en 1690, il fait uniquement allusion à quelques reprises aux couches de champignons qu'il ne décrit que très succinctement. Il connaissait donc bien la technique des couches, mais ne semble pas l'avoir vraiment pratiquée ou améliorée.

Malgré l'incroyable maîtrise dont faisaient preuve les maraîchers de Paris, la culture du champignon sur couches en plein air était soumise à de nombreux aléas climatiques : gelées, températures non contrôlées, sécheresse, etc. Or – heureux hasard ! –, la construction de Paris avait nécessité l'extraction de calcaire dans d'immenses carrières souterraines creusées dans les calcaires, la craie ou le gypse. La température et l'humidité y étaient constantes. Et comme les champignons n'ont pas besoin de lumière, ces cavités semblaient constituer des lieux de culture idéaux, à condition toutefois d'humidifier régulièrement les couches. Selon Charles Répin, ce serait un horticulteur de Passy, Chambry, qui aurait eu cette idée en 1811 et l'aurait mise en pratique en creusant des cheminées d'appel pour aérer une carrière souterraine, ainsi que des puits permettant d'acheminer les matériaux nécessaires à la construction des meules et à l'extraction de la récolte.

Le succès de Chambry donna des idées à d'autres maraîchers, et c'est ainsi qu'il y avait vers 1880 à Paris (et surtout dans les environs) deux cent cinquante champignonnistes. Quelques champignonnières étaient à bouches, c'est-à-dire avec des ouvertures permettant l'accès aux charrettes. Mais la majorité étaient munies de puits de 30 à 40 m de profondeur où passait une échelle en mât de perroquet à échelons distants de 50 cm. C'est par ce mât que les ouvriers, au péril de leur vie, descendaient et remontaient de la champignonnière. Le fumier neuf était jeté directement par le puits alors que le fumier usé et la récolte étaient remontés par un treuil. Les lampes des ouvriers et la fermentation du fumier dégageaient des quantités importantes de gaz carbonique. Les champignonnières étaient donc aérées par des puits creusés dans la voûte calcaire jusqu'à la surface. De grandes quantités d'eau étaient nécessaires à l'arrosage des couches. L'eau était amenée jusqu'au puits par des tonneaux de 600 L montés sur roue puis déversée par un tuyau dans des baquets situés quarante mètres plus bas. L'humectation des couches se faisait à l'arrosoir. Les meules étaient montées à la main et non à la fourche, avec du fumier fermenté après plusieurs retournements et foulages. Après montage, les meules étaient

Une carrière à champignons au XIXe siècle. Gravure extraite de Jean Lachaume, *Le champignon de couche. Culture bourgeoise et commerciale, récolte et conservation*, (2e éd.), Librairie agricole de la maison rustique, 148 p., 1882.

Le gobtage. Gravure extraite de Jean Lachaume, *Le champignon de couche.*

L'arrosage des meules. Gravure extraite de Jean Lachaume, *Le champignon de couche.*

Fructification du champignon de couche. © Inra, Jean-Marc Olivier, Unité de recherche sur les champignons, Bordeaux.

lardées avec des morceaux de fumier couvertes de mycélium, puis recouvertes d'une couche de calcaire ou de sable. Ce gobtage est indispensable à la fructification du champignon. En effet, par un processus qui semble purement physique, le mycélium s'agrège en arrivant dans la terre à gobter, ce qui induit le processus de fructification.

On imagine les conditions de travail de ces ouvriers payés à la tâche et qui pouvaient monter par jour, à la lueur de leur lampe, 80 mètres de meule soit une vingtaine de tonnes de fumier !

Les carrières à champignons ont d'abord été localisées sur la rive gauche de la Seine, de Meudon à Ivry-sur-Seine, puis se sont installées sous Paris même, jusqu'au Val-de-Grâce, et enfin ont gagné toute la périphérie de la capitale. Plus de mille tonnes de champignons étaient produites annuellement dans la région parisienne.

À partir de la fin du XIXe ou du début du XXe siècle, les champignonnistes ont progressivement abandonné la région parisienne pour s'installer dans des carrières du Val de Loire en Touraine et dans la région de Saumur. Depuis, les conditions de culture se sont améliorées : meilleure maîtrise du compostage effectué mécaniquement, diversification des substrats, pasteurisation du substrat avant lardage, diversification des souches produites en culture pure, culture en caisses, sacs ou bâches, meilleur contrôle de la température et de l'humidité dans des locaux spécialement adaptés. La culture du champignon de Paris s'est industrialisée et s'est étendue à plusieurs dizaines de pays, la Chine étant maintenant – et de très loin – le premier producteur mondial.

Les morilles, des champignons difficiles à cultiver

Les morilles sont parmi les champignons comestibles les plus prisés, en raison de leurs qualités organoleptiques et de leur rareté : elles n'apparaissent que fugacement au printemps, en général de mars à avril. Et si les amateurs gardent soigneusement pour eux-mêmes les endroits où habituellement il est possible d'en récolter, les fructifications sont souvent capricieuses et peuvent n'apparaître qu'une seule année dans des lieux insolites, parfois perturbés par l'activité humaine.

Les morilles sont des ascomycètes de la famille des morchellacées et appartenant essentiellement au genre *Morchella*, qui comprend au moins une cinquantaine d'espèces réparties dans le monde entier. La classification de ces espèces est très complexe et sujette à modifications en raison de l'existence de plusieurs formes pour une même espèce. Les morilles ont des fructifications très caractéristiques, avec un pied creux blanchâtre et un chapeau lui aussi creux de forme conique ou ovoïde, de couleur brune à noirâtre, couvert d'alvéoles. Ces fructifications se développent au printemps à partir de carottes mycéliennes reliées à des sclérotes souterrains qui sont parfois associés à des racines d'arbre. Leur biologie et leur cycle sexués sont mal connus. Plusieurs espèces sont purement saprotrophes alors que d'autres sont associées à des arbres comme le frêne, l'olivier, le troène, les pins, etc. Les morilles apparaissent souvent après un incendie ou sur les cendres d'un foyer. La nature de l'association avec des arbres est

Morilles communes (*Morchella vulgaris*), des champignons comestibles très appréciés, à consommer cuits. © Philippe Clowez.

controversée. L'hypothèse d'une association mycorhizienne a été avancée, mais rien n'est moins sûr. Il nous semble que celle d'une association endophyte de type commensal soit plus vraisemblable. Un comportement pathogène n'est cependant pas à exclure. Toutes les morilles sont comestibles après cuisson et certaines, comme *M. esculenta* ou *M. vulgaris*, sont même très recherchées. Il est cependant recommandé de les consommer en quantité raisonnable. En outre, des confusions sont possibles avec les gyromitres et les helvelles qui sont toxiques. Les morilles sont consommées fraîches ou sèches. Le séchage modifie le goût qui devient plus intense. Sèches, les morilles sont surtout utilisées en sauce.

Depuis le XIXe siècle et peut-être avant, les hommes ont tenté de cultiver les morilles sur des substrats divers, bien pourvus en matière organique et enrichis en sucre par ajout de fruits ou en inuline par introduction d'artichauts. Les résultats, s'ils ont été parfois couronnés de succès, ont surtout été très aléatoires.

Depuis la fin du XXe siècle, de nombreuses autres tentatives ont été effectuées, essentiellement en Amérique du Nord et en Chine. En raison des intérêts économiques en jeu, les réussites sont couvertes par de multiples brevets qui eux-mêmes, ne livrent pas toutes les informations. Diverses sociétés proposent des licences confidentielles de production de morilles en serres ou

Morilles blondes (*Morchella esculenta*), aussi appréciées que les morilles communes.

Morille délicieuse délicieuse, la bien nommée (*Morchella deliciosa*). © Philippe Clowez.

en plein air. L'espèce cultivée commercialement en Amérique du Nord est *M. rufobrunnea*. C'est en Chine que la production de morilles au champ s'est le plus développée ces dernières années. On y cultive des morilles noires *M. importuna*, *M. sextala* et *M. eximia*. La première phase importante de la culture est la production d'inoculum constitué de sclérotes issus de la conjugaison de deux mycéliums haploïdes compatibles obtenus par la germination de spores sexuées. La seconde est la fourniture au champ ou en serre de substrats organiques assimilables par les morilles et dont la composition n'est le plus souvent pas connue. Les rendements y sont aléatoires, variant de zéro à sept tonnes de morilles fraîches à l'hectare. En 2015 et 2016, 500 tonnes de morilles fraîches auraient été produites en plein champ en Chine. Les premières récoltes en France ont eu lieu en 2017.

Gyromitre (*Gyromitra esculenta*), à ne pas confondre avec une morille !

Les pleurotes, des champignons faciles à cultiver

Le genre *Pleurotus*, qui appartient aux basidiomycètes, est un groupe cosmopolite de champignons comprenant plusieurs espèces cultivables de grand intérêt gastronomique, à propriétés thérapeutiques intéressantes et pouvant avoir un intérêt en biotechnologie. Dans la nature, les pleurotes poussent généralement sur des arbres morts debout ou sur des troncs tombés à terre. Ils appartiennent au groupe de pourriture blanche et sont des recycleurs essentiels du bois, attaquant d'abord la lignine par trois complexes d'enzymes puis dégradant la cellulose. Six espèces de pleurotes sont cultivées en Europe. Nous en décrirons deux, parmi les plus prisées.

Pleurotus ostreatus, le pleurote en forme d'huître, se rencontre dans la quasi-totalité des forêts tropicales et tempérées du monde et est particulièrement commun dans les régions tempérées. En Europe, il apparaît tard en saison, jusqu'à la fin de l'hiver. On le trouve surtout sur hêtre, moins fréquemment sur peuplier et rarement sur résineux. Il se développe toujours en touffes, en multiples fructifications étagées les unes sur les autres.

Divers substrats contenant de la lignine et de la cellulose peuvent être utilisés pour sa culture : copeaux ou sciure de bois, rafles de maïs, paille de blé ou de riz, tiges de coton, bagasse de

Le pleurote en forme d'huître (*Pleurotus ostreatus*) dans son habitat naturel.

canne à sucre, rebuts agricoles divers, dont certains peuvent être recyclés pour servir à l'alimentation animale ou à d'autres usages.

Les techniques de culture sont simples, comparées à celles mises en œuvre pour la culture du champignon de Paris. Le substrat est généralement partiellement déchiqueté, mélangé à de l'eau (jusqu'à 70 % de la masse totale) et placé dans des sacs en plastique percés ou disposé sur des plateaux. Un des substrats les plus utilisés est la paille de blé déchiquetée, qui est complétée par des substrats riches en protéines comme de la farine de luzerne ou de soja. Après pasteurisation, le substrat est ensemencé par du « blanc », puis placé à une température de 18 °C en atmosphère humide avec une bonne aération. Les fructifications apparaissent après trois à quatre semaines en volées successives, ce qui est rapide en comparaison avec d'autres champignons. Le pleurote en forme d'huître est le deuxième champignon le plus cultivé dans le monde après le champignon de Paris. On trouve facilement dans le commerce des kits qui permettent de faire pousser ce champignon chez soi sans difficultés.

Pleurotes en forme d'huître en culture.
© Inra, Jean Laborde, Unité de recherche sur les champignons, Bordeaux.

Le pleurote du panicaut (*Pleurotus eryngii*) est une espèce dont la culture est moins ancienne que celle du pleurote en forme d'huître. *P. eryngii* est en réalité un complexe de cinq groupes d'espèces ou sous-espèces principalement originaires des zones méridionales d'Europe et de Chine (Xinjiang et Sichuan). Tous les pleurotes du complexe *Eryngii* ont la particularité d'être des associés facultatifs d'ombellifères ou de composées du genre *Eryngium*. La nature de cette association n'est pas bien définie : elle pourrait être pathogène ou plus vraisemblablement saprotrophe, le champignon

Le pleurote du panicaut (*Pleurotus eryngei*) dans son habitat naturel.

colonisant les tissus des racines mortes. Le pleurote du panicaut, excellent comestible, est une superbe espèce. Le chapeau d'un diamètre de 5 à 8 cm, d'abord convexe, puis plat ou légèrement déprimé, est de couleur assez variable, le plus souvent gris-brun, avec une marge légèrement enroulée. Les lames décurrentes sont beiges. Le pied, blanc, de 4 à 8 cm de hauteur, est très puissant. La chair, très ferme, est douce. Les techniques de culture du pleurote du panicaut sont très proches de celles du pleurote en forme d'huître. Comme pour ce dernier, des kits prêts à l'emploi se trouvent facilement dans le commerce.

Le pied bleu, une culture aléatoire

Les premières tentatives de culture du pied bleu, espèce que nous avons déjà évoquée (voir p. 43), sont anciennes. Des fragments de chapeau ou la base du pied avec son mycélium, prélevés en forêt, servaient à ensemencer à l'air libre un compost constitué de litière forestière. De nos jours, des amateurs continuent à utiliser cette technique artisanale pour leur plus grand plaisir, avec le plus souvent de la litière de hêtre comme substrat. À la fin du XIXe siècle, Julien Costantin et Louis Matruchot ont rationalisé la culture du pied bleu en cave sur des composts de fumier et de feuilles de hêtre. Ce champignon est maintenant toujours cultivé en cave. La culture se fait en général en sac sur un compost pasteurisé identique à celui utilisé pour le champignon de Paris. Après envahissement du compost par le mycélium du champignon, on procède au gobtage, c'est-à-dire à la couverture du compost par une fine couche d'un mélange de tourbe et de calcaire. Cette couverture favorise la fructification du pied bleu qui,

Culture expérimentale du pied bleu (*Lepista nuda*) sur substrat composté.
© Inra, Jacques Guinberteau, Unité de recherche sur les champignons, Bordeaux.

en cave, est beaucoup moins violet que dans la nature. La culture du pied bleu est longue (cinq à six mois), difficile et souvent aléatoire, ce qui explique pourquoi on ne le trouve que rarement sur les étals.

La domestication des truffes

Les vraies truffes sont des champignons ascomycètes appartenant au genre *Tuber* et produisant des fructifications souterraines. C'est au XIXe siècle que commence réellement en France la consommation de la truffe noire du Périgord, *T. melanosporum*, que Brillat-Savarin appelle « diamant de la cuisine ». Elle va devenir à partir du milieu du XIXe siècle un des éléments les plus emblématiques de la gastronomie française, d'autant plus que sa culture va être en partie maîtrisée.

Buffon est le premier à avoir obtenu artificiellement des truffes noires du Périgord en apportant des spores sous des charmes. Près d'un siècle plus tard, vers 1830 dans le Gers, le comte de Noé parvint à des résultats similaires.

Au XVIIIe siècle, d'autres tentatives ont été effectuées, cette fois en semant des glands. La première est celle de Jean-Pierre-François Ripert de Monclar, vers 1750, dans sa propriété du Vaucluse. En 1790 dans la Vienne, Pierre Mauléon sema des glands issus de chênes producteurs de truffes noires dans sa propriété de Grand-Ponçay dans le Loudunais (département de la Vienne) et récolta à la fin du XVIIIe siècle des truffes autour des jeunes arbres issus de ces glands. Pierre Mauléon fit des émules, et en 1830, il y avait probablement entre 100 et 200 hectares de truffières artificielles dans le département. Au début du XIXe siècle, probablement sans avoir eu

La truffe noire du Périgord (*Tuber melanosporum*). © Pierre Sourzat.

connaissance ni des essais de Ripert de Monclar effectués dans la même commune soixante ans auparavant, ni de ceux de Pierre Mauléon, Joseph Talon, cultivateur et chercheur de truffes, sema sur deux hectares – puis deux autres l'année suivante – des glands de chêne blanc et de chêne vert à Croagnes, un hameau de la commune de Saint-Saturnin-lès-Apt, afin d'obtenir du bois de chauffage. Huit ou dix ans après, traversant le petit bois issu de ses semis avec une truie, il vit cette dernière découvrir des truffes ! Il se mit alors à prendre soin de ce petit bosquet et sema à nouveau huit hectares, cette fois avec l'idée d'obtenir des truffes en plus du bois de chauffage. Joseph Talon fit des émules et ses voisins se mirent à semer des glands...

La méthode fut modifiée par Jacques Agnel, d'Apt, qui, voyant que les glands ne germaient pas, ou germaient difficilement, eut l'idée de planter de jeunes semis de chêne de quelques semaines ou de quelques mois, déchaussés par le gel et le dégel. Une des premières communes à faire des plantations de chênes truffiers fut Bédouin (Vaucluse). Après la promulgation des lois françaises sur la restauration des terrains en montagne de 1860 et l'arrivée des premières subventions d'État, elle redoubla d'efforts, et en 1867, plus de 1 000 hectares avaient été reboisés. Les premières truffes furent récoltées après quatre ans sur les meilleurs sols. Les ramasseurs de truffes de la commune (les *rabassiers*) se regroupèrent en une association qui disposait de dix truies. D'autres communes suivirent et après les nouvelles lois de 1882, 380 000 hectares de sols, le plus souvent communaux, dégradés ou érodés après surpâturage, ont été reboisés dans le sud-est de la France. En quelques années, les massifs du mont Ventoux et du Lubéron sont devenus les plus grandes truffières du monde. Indépendamment de ces plantations de restauration des terrains en montagne, d'énormes surfaces de sols cultivés furent abandonnées à la suite des progrès de l'agriculture dans la seconde moitié du XIXe siècle, aussi bien dans le sud-Est que le sud-ouest de la France ou l'Italie. Ces sols ont été recolonisés spontanément par le Chêne pubescent, qui a contribué à la formation de centaines de milliers d'hectares de peuplements clairs parfois encore pâturés où la truffe noire du Périgord s'est naturellement installée. La faible production de truffes à l'hectare était compensée par l'immensité des surfaces recolonisées par la forêt.

En 1840, la pébrine, une des maladies du ver à soie, s'est déclarée à Cavaillon en Provence en provenance d'Espagne et s'est propagée dans le reste de la France. L'industrie de la soie a été progressivement anéantie en France, entraînant l'abandon de milliers d'hectares de plantations de mûriers blancs. À partir de 1863, l'arrivée du phylloxéra entraîna à nouveau l'abandon de plusieurs milliers d'hectares de vignobles. Dans le Sud-Est, ces anciens vignobles et des plantations de mûriers furent en partie remplacés par des plantations de chênes pubescents ou de chênes verts, avec comme objectif la production de truffes noires. Du marché de Carpentras, les truffes étaient expédiées à Paris.

Le pic de la récolte est atteint en France aux alentours de 1900, avec 500 à 1 000 tonnes par an. La Première Guerre mondiale a porté un coup terrible à la production française de truffes noires, qui n'a jamais pu retrouver un niveau comparable. La Seconde Guerre mondiale a eu le même effet. Puis, malgré une reprise une fois la paix revenue, le déclin a continué en raison de l'exode rural, de la fermeture des truffières spontanées et de l'abandon des anciennes truffières.

Un des problèmes des premières truffières artificielles était la présence de mycorhizes, indésirables sur les semis directs ou sur les jeunes plants élevés en pépinière, et celle aléatoire de mycorhizes de truffe noire du Périgord.

Les premières synthèses d'ectomycorhizes de truffes en conditions contrôlées ont été réalisées en Italie dans les années 1960. En 1972, au centre Inra de Clermont-Ferrand, Jean Grente et Gérard Chevalier développent cette technique d'inoculation à grande échelle. La même année est créée près de Bordeaux, en association avec l'Inra, l'entreprise AGRITRUFFE. Actuellement, 300 000 plants mycorhizés et contrôlés sont produits annuellement en France.

Malgré ce progrès décisif, la courbe de production de truffes noires du Périgord ne s'est toujours pas inversée. Elle s'est simplement stabilisée.

Depuis 1990, l'Espagne a commencé à appliquer de manière exemplaire les règles de la trufficulture moderne. L'irrigation à grande échelle, devenue possible grâce à d'importants investissements de l'État et des régions, permet de compenser le déficit hydrique estival. Ce marché, qui est en premier lieu destiné à l'exportation et d'abord vers la France, a véritablement décollé et est actuellement au même niveau (voire davantage) que la production française.

L'Australie, qui est le seul pays à avoir une production significative de truffes noires du Périgord en dehors de son aire naturelle, progresse rapidement. Cette production à contre-saison est

Production de jeunes plants mycorhizés par la truffe noire du Périgord (société AGRITRUFFE). Cette technique a révolutionné la trufficulture.

complémentaire de celle de l'Europe et ne la menace nullement. Au contraire, elle permet de prolonger de plusieurs mois la consommation de truffes fraîches qui, seules, permettent la préparation de plats de haute qualité gastronomique.

La truffe de Chine (*Tuber indicum*), récoltée dans des peuplements naturels, a de remarquables qualités organoleptiques lorsqu'elle est consommée fraîche et mature. Exportée en masse et à bas prix sur les marchés européens et surtout français, elle y arrive le plus souvent altérée en raison de conditions inadéquates de transport. Ce n'est donc qu'un mauvais succédané de la truffe noire du Périgord dont elle est pourtant très proche sur les plans génétiques et organoleptiques. Cette proximité est d'ailleurs un danger potentiel car une hybridation avec la truffe noire du Périgord n'est pas à exclure. Elle a déjà été introduite accidentellement dans une truffière italienne où elle forme des mycorhizes, mais pour l'instant elle ne fructifie pas. Introduite aux États-Unis, elle y a fructifié, sporadiquement il est vrai. Pour éviter tout risque, il serait souhaitable d'interdire son importation en Europe.

Les qualités organoleptiques de la truffe d'été ou de Bourgogne (*T. aestivum*), bien que différentes de celles de *T. melanosporum*, sont excellentes. Le problème est que récoltée trop souvent non mature ou insuffisamment mature, *T. aestivum* n'a guère de goût, ni de parfum. De plus, sa domestication a échoué. Sa production est donc toujours tributaire des truffières spontanées qui se sont refermées et n'ont plus la productivité qu'elles avaient au début du XXe siècle. *T. aestivum* reste donc une truffe marginale, alors qu'elle pourrait avoir une grande place en raison de ses qualités et du fait que sa période de maturité précède celle de la truffe noire du Périgord en Europe.

La truffe blanche d'Alba, dont les qualités organoleptiques sont très différentes de celles de la truffe noire du Périgord ou de la truffe de Bourgogne, a acquis une grande réputation depuis le milieu du XXe siècle grâce au savoir-faire des négociants italiens, quoique sa domestication semble très difficile et n'ait guère progressé. Sa production reste donc pour l'instant entièrement tributaire des truffières spontanées, parfois aménagées pour optimiser la fructification.

Enfin, la production d'autres espèces comestibles récoltées dans des peuplements naturels ou semi-naturels reste très marginale.

La truffe blanche d'Alba (*Tuber magnatum*).

Trufficulture intensive dans les Deux-Sèvres.

Récolte de la truffe noire du Périgord, *Tuber melanosporum*, à l'aide d'un chien.

Des champignons rebelles à la culture

De nombreux champignons ectomycorhiziens associés à des arbres sont des comestibles très recherchés. Ils ont tissé des relations très complexes avec leurs hôtes, rythmées par un dialogue moléculaire dont la nature varie avec le temps. Avant l'établissement de la symbiose, chacun des deux partenaires envoie à l'autre de multiples messages sous forme de petites molécules qui sont reçues par des récepteurs membranaires. Une fois ces messages reçus, des gènes spécifiques sont activés et modifient le fonctionnement de chacun des deux partenaires, qui deviennent réceptifs l'un à l'autre. Le contact physique peut alors s'établir et la symbiose se mettre en place. Un nouvel échange de messages réciproques permet de mettre en place l'assemblage. La construction terminée, le système mutualiste peut fonctionner par échange de nouveaux messages qui contrôlent le transfert de composés carbonés de l'arbre au champignon et d'éléments minéraux du sol à l'arbre *via* le champignon. *In fine*, l'arbre hôte contrôle la reproduction du champignon et la formation de l'organe de reproduction (sporocarpe*) par un nouvel échange de messages réciproques. Ces mécanismes extraordinairement complexes ne sont pour l'instant que très partiellement déchiffrés, et nous sommes bien incapables de cultiver seuls ces champignons vivant en symbiose avec des arbres à l'exception de la truffe noire du Périgord, pour laquelle la difficulté a été déjouée par culture simultanée des deux partenaires.

Les champignons des empereurs

Deux espèces ont la réputation d'avoir été particulièrement appréciées par des empereurs : *Tricholoma matsutake*, le *matsutake* ou champignon des empereurs du Japon, et *Amanita caesarea*, l'oronge (ou amanite des Césars).

Le *matsutake* est depuis des siècles le champignon le plus prisé au Japon. Récolté en abondance dans la région de Kyoto, il était apprécié à la cour impériale et dans les milieux aristocratiques, consommé également par les populations locales et associé à divers cérémonials. Il est encore présenté aujourd'hui dans des boîtes en bois pour célébrer l'automne ou honorer une personnalité, ou offert comme cadeau de mariage ou d'entreprise.

Le *matsutake* est une espèce ectomycorhizienne asiatique appartenant au complexe mal défini des Tricholomes *matsutake* présents dans tout l'hémisphère Nord, en Asie, en Europe, en Afrique du Nord et en Amérique du Nord.

Le *matsutake* est un champignon élégant, d'assez grande taille. Son chapeau pouvant atteindre 15 à 20 cm de diamètre est d'abord convexe, puis plat. Initialement de couleur blanche, il brunit à maturité et se couvre d'écailles brun rougeâtre. Les lamelles décurrentes, d'abord blanches, brunissent légèrement à maturité. Le pied, de 10 à 15 cm de hauteur, est blanchâtre au-dessus d'un anneau souple et recouvert d'écailles brun rougeâtre au-dessous. La chair est blanche et, de manière surprenante, a une odeur peu agréable.

Tricholoma caligatum, le *matsutake* européen.

Au Japon, le *matsutake* est associé à des espèces des genres *Pinus*, *Tsuga* et *Picea*. Cependant, son hôte principal est le pin rouge japonais (*Pinus densiflora*). Pendant des siècles, les peuplements de pins rouges situés autour des villages ont été exploités intensivement pour le bois de feu. Les arbustes du sous-étage étaient aussi enlevés pour différents usages. Ces peuplements très clairs, optimisant la disponibilité en eau du sol, étaient très favorables à la fructification du *matsutake* ; le remplacement du bois de feu par des combustibles fossiles a entraîné la fermeture des peuplements et la disparition du champignon. D'autres facteurs sont intervenus, comme des attaques de scolytes qui ont fait disparaître beaucoup de peuplements de pins, et l'urbanisation autour des villages qui a eu le même effet. Il faut y ajouter la disparition des modes traditionnels de propriété collective appelé *iriai* et la disparition du mode traditionnel de vente aux enchères. Le résultat a été une chute continue de la production japonaise depuis 1940. Le pays a commencé à importer ce champignon – ou des espèces proches – de l'étranger. Actuellement, l'essentiel de la consommation au Japon de *matsutake* est assuré par l'importation annuelle de deux à trois milliers de tonnes provenant de Chine, Corée du Nord, Corée du Sud, Canada, États-Unis, Turquie, Mexique, Maroc, Bhoutan, Ukraine et Thaïlande.

L'oronge ou amanite des Césars (*Amanita caesarea*).

On rapporte souvent que l'oronge (ou amanite des Césars) était très appréciée des empereurs romains, d'où son nom. L'analyse de divers textes anciens ne nous a pas permis d'en avoir la preuve, cette affirmation tenant plus du mythe que de la réalité… La légende a été créée ou entretenue par Johannes Antonius Scopoli, un médecin mycologue italien, qui pour la première fois en 1772 a donné le nom de *caesareus* à cette espèce dont le genre était alors dénommé *Agaricus*.

Comme le *matsutake*, l'amanite des Césars appartient à un ensemble complexe, la section des *Caeasarae*, qui comprend près de quatre-vingt-dix espèces réparties dans les régions tempérées et tropicales d'Afrique, Asie, Australie, Europe, Amérique centrale et Amérique du Nord. Cette section n'est absente qu'en Amérique du Sud. L'oronge au sens strict est une magnifique espèce ectomycorhizienne de la zone méditerranéenne d'Europe et du nord de l'Afrique. Elle est essentiellement associée au Chêne, au Châtaignier et plus rarement au Hêtre. Elle se rencontre dans des peuplements clairs, de la fin de l'été à l'automne et du niveau de la mer à environ 1 200 m d'altitude. Ce champignon estival – mais surtout thermophile – se trouve de plus en plus souvent en France, au nord de la Loire. Il affectionne les sols calcaires argilo-limoneux mais aussi argilo-sableux. Il semble être un très bon indicateur du réchauffement climatique, comme on peut le constater en retraçant ses apparitions dans la région Grand-Est depuis plus de cent ans. À la fin du XIXe siècle, Lucien Quélet, mycologue de renommée mondiale, signalait sa présence en Franche-Comté, sans plus de précision. En Lorraine, la première mention sérieuse est due à René Ferry, un autre mycologue, secrétaire de la Société philomatique vosgienne. Il signale la présence de l'oronge en 1916 près de Rambervillers (Vosges). En 1923, une deuxième récolte est signalée vers Bar-le-Duc (Meuse) par le docteur Voirin, un mycologue local. Celui-ci précise que la présence de cette espèce inconnue dans la région pourrait s'expliquer par des apports de spores provenant d'oronges reçues lors de la Grande Guerre par des soldats originaires du Midi. En 2018, grâce aux données récoltées par les différentes sociétés mycologiques de la région Grand-Est, on dénombre environ quatre-vingt-dix stations où l'amanite des Césars est présente. L'oronge apparaît dans l'est de la France comme une espèce nouvelle mais capricieuse, dont les poussées explosent après des étés très chauds suivis de pluies orageuses en août.

Aucune confusion n'est possible entre l'amanite des Césars et une autre espèce. Son chapeau convexe de grande taille est de couleur rouge-orangée, portant parfois des débris blancs provenant de la volve. La chair est blanche et dégage une odeur agréable. Les lames sont d'un beau jaune vif et le pied robuste d'un jaune plus clair. Muni dans sa partie supérieure d'un anneau jaune, le pied s'enchâsse dans une volve blanche engainante. L'amanite des Césars se consomme crue en salade. Sa chair ferme a une texture agréable et un goût très subtil qui ne supporte ni le poivre, ni l'ail.

Il est possible d'obtenir au laboratoire, en conditions bien contrôlées et avec un hôte approprié, des mycorhizes de *matsutake* ou d'amanite des Césars. Mais aucune application n'en a résulté.

Les cèpes royaux

En dehors de l'amanite tue-mouches, le cèpe de Bordeaux (*Boletus edulis*) est un des champignons les plus connus. Il est aussi un des plus recherchés par les gastronomes. Il s'agit encore d'un complexe contenant diverses espèces, sous-espèces ou variétés que l'on rencontre en Amérique du Nord, en Europe et en Asie orientale. Les populations asiatiques sont principalement localisées en Chine, dans la province du Yunnan, qui constitue l'un des principaux centres mondiaux de production, de consommation et de commercialisation. Près de 10 000 tonnes de bolets frais ou séchés sont exportées chaque année du Yunnan, essentiellement vers l'Europe.

La phylogénie* du complexe *B. edulis* n'est pas entièrement établie. Nous nous appuyons ici sur celle de Bang Feng *et al.*, établie en 2012, qui nous semble une des plus complètes. Il existerait trois ensembles, l'ensemble *Edulis* au sens strict, l'ensemble *Variipes* et l'ensemble *Aereus*. L'ensemble *Edulis* comprend *B. edulis* au sens strict qui est une espèce holarctique, c'est-à-dire présente au nord du tropique du Cancer. On trouve également dans cet ensemble *Edulis* trois espèces présentes uniquement dans l'ouest de l'Amérique du Nord, une espèce présente uniquement dans l'est de l'Amérique du Nord, une espèce commune à l'Amérique du Nord et à l'Europe, *B. pinophilus*, le cèpe des pins, et au moins trois espèces uniquement de l'Asie du Sud-Est dont *B. reticuloceps*, le cèpe réticulé.

L'ensemble *Variipes* comprend une espèce uniquement asiatique et deux espèces américaines dont une commune à l'Amérique du Nord et à l'Amérique centrale.

L'ensemble *Aereus* comprend des espèces uniquement asiatiques en cours de classification, une espèce d'Amérique centrale et deux espèces communes à l'Europe et l'Afrique du Nord, *B. aereus* au sens strict ou bolet à tête noire et *B. reticulatus*, le cèpe d'été ou cèpe réticulé.

L'origine du complexe *Edulis* est asiatique, avec quatre événements de dispersion dont l'un *via* l'ancien pont de Behring qui reliait la Sibérie à l'Alaska.

Les quatre cèpes – le cèpe de Bordeaux (*B. edulis*), le bolet à tête noire (*B. aereus*), le cèpe d'été (*B. reticulatus*) et le cèpe des pins (*B. pinophilus*) – constituent le groupe des cèpes royaux. Le terme *cèpe* est en France une dénomination légale datant de 1971 et n'incluant que le cèpe de Bordeaux et le cèpe à tête noire. Mais de fait, le cèpe d'été et le cèpe de montagne sont traditionnellement commercialisés comme cèpes.

Le cèpe de Bordeaux, le plus répandu, est septentrional. Il est ubiquiste, fructifiant de la fin de l'été à l'automne sous feuillus – chênes, hêtres, châtaigniers – ou résineux – épicéas, sapins,

Le cèpe de Bordeaux (*Boletus edulis*).

Le bolet à tête noire (*Boletus aereus*) © Patrick Chapon.

Le cèpe d'été (*Boletus reticulatus*).

Le cèpe des pins (*Boletus pinophilus*) © Patrick Chapon.

Douglas, pins. C'est à la fois une espèce de plaine et de moyenne montagne, qui se développe surtout sur sol acide. Son chapeau de couleur variable allant du beige au brun peut dépasser 30 cm de diamètre. Les tubes, d'abord de couleur blanche, deviennent verdâtres à maturité. Le pied renflé au centre est massif.

Le bolet à tête noire est plus méditerranéen et est préférentiellement associé au chêne vert, bien qu'il puisse s'associer aussi aux autres chênes. Son chapeau est plus foncé que celui du cèpe de Bordeaux et moins large.

Le cèpe d'été est essentiellement associé à des feuillus et apparaît plus précocement dans la saison.

Enfin, le cèpe des pins est associé au pin sylvestre, mais aussi à des feuillus, et se développe plus en altitude que les trois précédents. Son chapeau est plutôt brun-rouge et son pied de même couleur en plus clair.

Ces quatre cèpes royaux ont une chair très appréciée, avec un goût de noisette et une texture très agréable. On estime que 20 à 100 000 tonnes seraient commercialisées chaque année dans le monde. Sous forme séchée, ils sont exportés d'Italie (où on les nomme *fungo di Borgatoro*) vers le monde entier. Ils étaient à l'origine récoltés dans la région de Parme, mais les exportateurs italiens font maintenant largement appel aux récoltes chinoises.

Étant ectomycorhiziens, ces cèpes royaux ne peuvent être cultivés et leur récolte ne peut se faire que dans les forêts naturelles, sous leurs arbres hôtes. Il est possible actuellement de maîtriser partiellement en laboratoire la symbiose de *B. edulis* avec son hôte ; mais aucune tentative de mycorhization contrôlée à grande échelle n'a été couronnée de succès.

C'est un peu plus facile avec *Suillus granulatus*, le bolet granuleux associé aux pins, mais malgré quelques résultats obtenus au champ, aucun développement commercial n'a suivi.

Le bolet granuleux (*Suillus granulatus*) © Patrick Chapon.

Les chanterelles

Les chanterelles comprennent plusieurs espèces de champignons comestibles hautement appréciés et faisant l'objet d'un commerce très important. Il existe encore beaucoup de confusion dans la classification et la biologie de cet ensemble d'espèces uniquement ectomycorhiziennes. Elles appartiennent à une famille de basidiomycètes, les *Cantharellaceae*, qui comprennent deux genres importants : le genre *Cantharellus* ou chanterelles au sens strict, qui

La girolle ou jaunotte (*Cantharellus cibarius*), unanimement appréciée.

est constitué d'au moins 70 espèces, et le genre *Craterellus* ou craterelles qui en comprend un peu moins. Ces deux genres sont communs en Europe, en Amérique du Nord et en Asie du Sud-Est, mais se rencontrent aussi en zone tropicale comme en Guyane.

La plus appréciée des chanterelles est *Cantharellus cibarius*, la girolle ou jaunotte. C'est une espèce européenne très ubiquiste qui s'associe à tous les feuillus ou résineux pouvant former des ectomycorhizes. Elle se rencontre aussi bien en plaine que dans les forêts d'altitude. Le chapeau charnu est couleur jaune d'œuf, le plus souvent en coupe de forme très irrégulière ; le pied est plus clair. Les chanterelles n'ont pas de lamelles au sens strict, mais présentent des plis qui descendent sur le pied. Les fructifications apparaissent de mai à novembre, sont résistantes aux attaques d'insectes ou à celles de leurs larves et peuvent survivre plus d'un mois. Elles sont toujours

La chanterelle en tube (*Cantharellus tubaeformis*), très abondante en altitude moyenne. © Claude Page.

associées à des bactéries – essentiellement *Pseudomonas fluorescens* –, ce qui rend difficile l'isolation du mycélium en culture pure.

Malgré ces difficultés, Eric Danell, en Suède, a réussi à obtenir des mycorhizes en culture axénique et à transplanter en serre les jeunes semis de pin sylvestre ainsi inoculés. Des fructifications ont été obtenues un an après. Malheureusement, il n'a pas été possible d'aller jusqu'à la commercialisation des plants en raison de la difficulté d'utiliser cette technique en routine et à grande échelle.

D'autres chanterelles sont comestibles, mais moins appréciées que la girolle. Citons la chanterelle en tube (*C. tubaeformis*), dont les chapeaux de couleur marron-gris et de petite taille sont moins charnus que ceux de la girolle. Le pied est aussi plus grêle. La chanterelle en tube est plus montagnarde que la girolle. Elle fructifie assez tard à l'automne en formant des touffes composées de nombreux petits individus.

Parmi les craterelles, la plus recherchée est la trompette de la mort (ou des morts) (*Craterellus cornucopioides*), un champignon qui ne devrait pas porter ce nom ! C'est en effet un des meilleurs comestibles qui soient, ne présentant aucun danger et ne pouvant être confondu avec aucune autre espèce. Son chapeau gris foncé noirâtre, de petit diamètre, peut atteindre 10 à 15 cm de hauteur. Il est en forme de corne d'abondance à bords fins sinueux parfois enroulés.

La trompette des morts (*Craterellus cornucopiodes*), la mal nommée.

De nouveaux carburants grâce aux champignons ?

La biomasse est une source d'énergie renouvelable provenant de celle du soleil. Son utilisation implique théoriquement un bilan nul en termes de rejet de CO_2. Cependant, pour sa mise en œuvre, il faut prendre en compte des intrants utilisant de l'énergie fossile. Pour satisfaire les besoins énergétiques, la biomasse peut être utilisée de trois manières : combustion directe, production de biogaz par méthanisation ou production de biocarburants. La biomasse fixée chaque année par photosynthèse pourrait fournir 71 Gtep (gigatonnes d'équivalent pétrole). L'homme en prélève actuellement 5 %, soit 3,8 Gtep, dont environ 1 Gtep comme source d'énergie. Dans les scénarios les plus volontaires d'utilisation de la biomasse à long terme (2050) pour les besoins énergétiques, l'objectif – difficilement tenable – de la contribution de la biomasse est de 4,9 GTEP. Ce chiffre est à rapporter à la consommation totale d'énergie primaire dans le monde, qui était de 13,6 Gtep en 2015 et qui devrait atteindre en 2050, selon les scénarios, de 16,6 à 21,5 Gtep. Nous sommes donc très loin d'être en capacité de substituer à l'énergie fossile celle provenant de la biomasse…

Les biocarburants de première génération peuvent être issus par estérification* d'huile végétale (colza, tournesol, palmier à huile), soit de sucres végétaux après fermentation alcoolique à l'aide de levures. Par exemple, une tonne de betterave peut fournir environ 100 L d'alcool pur. Les champignons sont donc déjà indispensables dans l'élaboration d'une bonne partie des biocarburants de première génération. La production de ces carburants nécessite la mobilisation de terres agricoles au détriment de la production alimentaire. Actuellement, au niveau mondial, plus de 3 % des terres de grande culture sont mobilisés pour produire environ 2 % des carburants utilisés.

Pour les biocarburants de seconde génération, l'objectif envisagé est d'utiliser la plante entière ou ses résidus, c'est-à-dire la cellulose, les hémicelluloses et les lignines, ce qui permettrait d'augmenter de beaucoup la biomasse potentiellement disponible. Cette ressource peut être valorisée par voie thermochimique (pyrolyse et synthèses) ou par voie enzymatique. Dans cette dernière, il est nécessaire au préalable de séparer les trois constituants principaux : les hémicelluloses (20 à 40 %), par un traitement acide ; les lignines (15 à 25 %), par un traitement alcalin ; et la cellulose (35 à 50 %). C'est pour celle-ci qu'il serait possible de faire intervenir les champignons. Nous avons vu que certains champignons comme les pourritures brunes sont capables de briser les longues molécules de cellulose grâce à des cellulases et de les transformer en sucres fermentescibles (voir p. 42). Un ascomycète, le trichoderme, *Trichoderma reesei*, est un excellent candidat pour hydrolyser la cellulose. La découverte de ses propriétés pendant la Seconde Guerre mondiale a suscité de nombreuses recherches qui ont permis d'obtenir des souches particulièrement performantes. D'autres espèces des genres *Penicillium*, *Acremonium* et *Chrysosporium* font l'objet de nombreux travaux identiques. Malgré ces efforts, elles n'ont pas débouché sur des applications. Il semble en revanche que les multiples voies offertes par la thermochimie soient plus faciles à mettre en œuvre. Plusieurs pilotes industriels tentant de les exploiter ont vu le jour ces dernières années en Europe et aux États-Unis, mais là encore, aucun n'a transformé l'essai. Il est à craindre que les espoirs mis dans les biocarburants de première génération puis de seconde ne puissent être tenus…

Des champignons dévoreurs de plastique ?

Les plastiques synthétiques sont apparus en 1835 à la suite de la découverte de la réaction de polymérisation du chlorure de vinyle par Henri Victor Regnault. Parmi les différents plastiques synthétisés, les polyuréthanes sont au sixième rang et représentent 6 à 7 % de la production totale. Les premières études de biodégradation ont été entreprises en 1968 : elles ont démontré leur niveau élevé de résistance à la dégradation microbiologique. Cependant, celle des substances polymères peut être induite par des réactions d'hydrolyse ou d'oxydation. L'activité de biodégradation du polyuréthane peut être obtenue par plusieurs enzymes. De très nombreuses bactéries sont capables de dégrader le polyuréthane. Les champignons semblent un peu moins nombreux : une vingtaine d'espèces ont à ce jour été identifiées, principalement dans les genres *Aspergillus, Fusarium, Trichoderma, Pestalotiopsis* et quelques autres. Les bactéries sont plus efficaces que les champignons car elles peuvent adhérer sur les polymères en formant des biofilms. Pour l'instant, il est impossible d'envisager la biodégradation des polyuréthanes ou d'autres polymères dans des pilotes industriels. Relativement récemment, la presse s'est fait l'écho de la découverte fortuite en forêt amazonienne d'un champignon mangeur de plastique, *Pestalotiotiopsis microspora*. Cela relève de l'effet d'annonce ! Pour tenter de résoudre la pollution généralisée de l'environnement par les plastiques, commençons par en utiliser le moins possible, recyclons-les ou remplaçons-les par des polymères biodégradables issus de la biomasse végétale.

CHAPITRE 3

DES CHAMPIGNONS ET DES HOMMES : MENACES RÉCIPROQUES

Diverses activités humaines menacent la biodiversité fongique : déforestation, gestion intensive de la forêt, échanges commerciaux, déplacements ou encore changements climatiques. Inversement, les champignons peuvent constituer de sérieuses menaces pour l'homme ou ses activités, soit par la toxicité de certaines espèces lorsqu'elles sont consommées accidentellement, soit par les maladies qu'ils peuvent engendrer, soit enfin par les dégâts infligés aux cultures.

Menaces sur la flore fongique

Une des premières causes de réduction de la biodiversité fongique est la déforestation. Lorsque la forêt est défrichée au profit de sols cultivés, une partie de la flore fongique est détruite. La totalité des champignons ectomycorhiziens disparaît avec l'élimination de leurs hôtes, et beaucoup de champignons lignivores ne survivent pas à la disparition de leur substrat. Au cours des siècles, la flore fongique résiduelle des espaces cultivés, des friches ou de tout milieu perturbé évolue en fonction de l'activité humaine et peut acquérir une nouvelle spécificité. Quelques champignons saprotrophes basidiomycètes arrivent à se maintenir et à fructifier dans les sols cultivés les moins perturbés et les plus riches en matière organique. C'est ainsi que les prairies permanentes peuvent devenir le royaume d'agarics comme le rosé des prés (*Agaricus campestris*), un champignon particulièrement apprécié des amateurs. Mais en raison de la transformation de ces prairies permanentes en sols cultivés, le rosé des prés se raréfie considérablement. Il ne faut pas le confondre avec l'agaric jaunissant, toxique, qui est en réalité une psalliote (*Psalliota xanthoderma*). L'agaric boule de neige (*Agaricus arvensis*), un autre excellent comestible, se développe dans les jachères, qui sont aussi de moins en moins fréquentes. La lépiote pudique (*Leucoagaricus leucothites* ou *Lepiota pudica*) se rencontre à la fois dans les prairies, les parcs et les jardins. La

Page de gauche : le géastre à trois couches (*Geastrum triplex*).

volvaire magnifique (*Volvariella gloiocephala*) est un champignon très spectaculaire qui affectionne les sols cultivés enrichis en fumier ou en nitrate et les lieux enrichis en débris organiques. D'autres espèces plus rares peuvent subsister, comme la bolbitie jaune d'œuf (*Bolbitius titubans*, var. *vitellinus*), qui vit sur des débris de fumier ou du crottin de cheval, ou quelques clitocybes

Le rosé des prés (*Agaricus campestris*).

L'agaric jaunissant (*Psalliota xanthodermus*).

La lépiote pudique (*Leucoagaricus leucothites*).

L'agaric boule de neige (*Agaricus arvensis*).

La volvaire magnifique (*Volvariella gloiocephala*). © Roberto Fernandez Sasia.

La bolbitie jaune d'œuf (*Bolbitius titubans*, var. *vitellinus*). © Jean-Louis Fasciotto.

comme *Clitocybe dealbata*. Mais la diversité de la macroflore fongique des prairies n'a plus rien à voir avec celle d'une forêt. Quant aux sols cultivés, leur macroflore fongique est encore plus pauvre...

En forêt, les champignons sont aussi soumis à des contraintes diverses. Dans les forêts intensivement gérées, l'absence de vieux bois et l'insuffisance au sol de troncs ou de branches mortes diminuent l'abondance des polypores et d'autres espèces xylophages*. Le remplacement de feuillus par des résineux ne modifie pas fondamentalement le nombre d'espèces fongiques, mais change leur composition : les espèces spécifiques des essences d'origine disparaissent et sont remplacées par celles du nouvel arrivant. Par contre, les espèces ubiquistes qui n'ont pas de spécificité d'hôte se maintiennent. Par exemple, le cèpe de Bordeaux est aussi abondant dans un peuplement artificiel d'épicéas que dans la forêt feuillue d'origine, du moins si le peuplement n'est pas trop fermé. En revanche, il est beaucoup moins abondant dans les peuplements fermés artificiels de Douglas en raison de la grande quantité d'eau consommée par cette essence à rendement élevé en bois.

Dans les peuplements gérés en futaie régulière, la composition de la macroflore fongique varie avec l'âge du peuplement et est instantanément moins riche que dans une futaie irrégulière où tous les âges sont représentés. Les trouées dans la futaie irrégulière favorisent aussi la biodiversité fongique.

Plusieurs études semblent montrer que l'abondance des champignons forestiers a diminué en Europe depuis plusieurs dizaines d'années. Il est cependant très difficile d'avoir des certitudes en raison des difficultés d'exploitation des inventaires anciens. En Europe, les apports azotés en forêt liés à l'activité humaine sont très importants depuis plusieurs décennies – 10 à 15 kg par hectare et par an en moyenne. Une des causes de la diminution des fructifications pourrait être ces apports azotés. Une étude suisse publiée en 2008 montre clairement qu'un apport azoté de 150 kg par hectare sur deux ans dans une forêt naturelle d'épicéas de montagne diminue la diversité des champignons ectomycorhiziens alors que celle des saprophytes n'est pas modifiée. La chanterelle (*C. cibarius*) compterait parmi les champignons les plus affectés par les dépôts azotés.

Le changement climatique devrait modifier et semble déjà avoir affecté la fructification des champignons forestiers en Europe. Selon Kauserud et ses collaborateurs, en Norvège de 1940 à 2006, la période de fructification a été considérablement modifiée, avec un retard moyen de 12,9 jours. L'augmentation des températures au cours des mois d'automne et d'hiver entraîne un retard important de la fructification à la fois la même année et l'année suivante. Le changement climatique pourrait entraîner, par augmentation de la température et du déficit hydrique estival, une migration des espèces méditerranéennes et de leurs hôtes vers le nord. Il semble par exemple que la fructification de l'amanite des Césars soit maintenant plus fréquente dans l'est de la France que quelques dizaines d'années auparavant, comme nous l'avons déjà souligné (voir p. 101).

D'une manière plus générale, la réduction des habitats remarquables sous l'effet de l'activité humaine menace des espèces plus rares. Une liste de trente-trois espèces en danger a été proposée à l'inscription dans la convention de Berne, laquelle a pour but la conservation de la

Hygrophore des poètes (*Hygrophorus poetarum*), un teint de « petit enfant ».

Porpolomopsis calyptriformis : un nom compliqué, mais une rare élégance.

Fomitopsis officinalis, en forme de petit tonneau.

Gomphus clavatus ou chanterelle violette. © Patrick Chapon.

vie sauvage et du milieu naturel en Europe par une coopération entre les États. Parmi eux : *Porpolomopsis calyptriformis*, que l'on rencontre dans les pelouses calcaires alpines ; *Fomitopsis officinalis*, un polypore en forme de tonnelet caractéristique des forêts montagnardes à mélèze ou pin cembro ; et *Gomphus clavatus*, inféodé aux pessières* et sapinières acidiphiles sur les produits de décarbonatation des roches mères calcaires. Ajoutons l'hygrophore des poètes (*Hygrophorus poetarum*), bien qu'il ne soit pas sur la liste... Ce beau champignon est facilement identifiable à la fois par sa couleur rose tendre et sa remarquable odeur aromatique rappelant celle du baume du Pérou. À son sujet, Georges Becker, un grand mycologue, écrivait : *c'est le plus beau des hygrophores avec un teint de petit enfant*. C'est une espèce rare dans le Grand Est de la France, que l'on rencontre essentiellement dans les hêtraies collinéennes sur sol calcaire. L'origine de son nom est singulière : son auteur, Roger Heim, un autre mycologue que nous évoquerons à propos des champignons hallucinogènes (voir p. 126), l'a nommé ainsi en l'honneur de Georges Becker et de Frédéric Bataille, mycologue mais aussi poète. Georges Becker, qui lui a suggéré le nom, fait référence, dans sa proposition de dénomination, au *Jardin des Muses*, anthologie poétique écrite en 1643 par Pierre Guillebaud. Ce recueil comprend des poèmes allant du XVe au XVIIe siècle, entre autres de Du Bellay, Marot, Ronsard, Scudéry ou Malherbe.

À notre connaissance, en Europe, aucune macro-espèce fongique n'a encore disparu. Mais en raison des échanges commerciaux entre continents ou de l'introduction d'essences forestières exotiques, de nouvelles espèces fongiques sont arrivées ! Par exemple, l'introduction du Douglas en provenance d'Amérique du Nord a entraîné l'apparition en Europe de *Suillus amabilis* et de

Le bolet élégant (*Suillus grevillei*), symbiote spécifique des mélèzes.

plusieurs espèces de *Rhizopogon* spécifiques de cette essence. De même, l'introduction du mélèze en plaine s'est traduite par l'apparition de *Suillus grevillei* (ou bolet élégant) en dehors de son aire d'origine.

De nouvelles espèces de champignons ectomycorhiziens sont apparues près des ports : *Amanita singeri* près de Lorient ou *A. asterosporus* près de Bordeaux. Inversement, des espèces européennes ont été exportées vers d'autres continents. Citons l'amanite phalloïde qui a été introduite par les Boers en Afrique du Sud, causant de nombreux empoisonnements. Cette amanite a aussi été introduite plus récemment en Amérique du Nord et en Amérique du Sud. De même, encore plus récemment, la truffe de Chine (*Tuber indicum*) (voir p. 96) a été introduite en Europe mais n'a pour l'instant formé que des mycorhizes sans fructifier. Elle a par contre donné naissance à des ascocarpes* aux États-Unis d'Amérique.

Des champignons saprophytes étrangers ont également été introduits en Europe. Le cas le plus emblématique est celui du clathre d'Archer, *Clathrus archeri,* en provenance d'Australie, qui est maintenant très fréquent dans les forêts européennes et est considéré comme une espèce envahissante. Le sporocarpe se développe comme toutes les phallales à partir d'un œuf blanchâtre et forme à l'automne des étoiles rouges dégageant une odeur désagréable. L'origine de son introduction est controversée : il aurait pu voyager dans de la laine débarquée à Bordeaux et transportée dans une filature vosgienne. Selon une autre hypothèse, il aurait été amené par du foin importé d'Australie pour nourrir les chevaux des soldats australiens pendant la Grande Guerre. Toujours est-il que le clathre d'Archer est apparu pour la première fois dans les Vosges vers 1920, puis s'est répandu dans une bonne partie des forêts de l'ouest de l'Europe.

Le clathre d'Archer (*Clathrus archeri*) au stade mature (à gauche) et au stade de *primordium* (à droite).

Des espèces qu'il faut craindre

Les champignons phytopathogènes sont indispensables au bon fonctionnement des écosystèmes naturels. La très grande diversité des espèces arborescentes de la forêt tropicale tient en partie à leur présence, qui empêche la trop grande dominance d'une espèce. Inversement, l'absence de champignons pathogènes pouvant se développer sur des végétaux exotiques importés d'un autre continent peut permettre à ceux-ci de devenir invasifs.

En outre, les champignons pathogènes éliminent les individus les moins adaptés à leur environnement ou en fin de vie et contribuent ainsi à la bonne adéquation d'un végétal à son milieu. Il existe un équilibre entre les organismes pathogènes indigènes (champignons, bactéries, virus ou mycoplasmes) et la communauté des autres organismes, *via* de multiples interactions. Dans un kilogramme de sol, plusieurs centaines d'espèces de champignons – saprophytes, pathogènes ou symbiotiques – et des bactéries libres ou endophytes vivent en interaction avec les plantes. Si l'équilibre est rompu, le plus souvent sous l'effet d'événements extérieurs, des pathogènes peuvent prendre de l'importance. Une des principales causes de déséquilibre est la mise en culture d'un écosystème naturel, et plus encore la monoculture. Les plantes cultivées ne sont plus en équilibre avec le milieu et sont sujettes à de nombreuses maladies dont environ 70 % sont d'origine fongique. Les autres agents pathogènes sont des bactéries, des mycoplasmes ou des virus. Il existe au moins une dizaine de milliers d'espèces de champignons – ou d'espèces assimilées à des champignons – susceptibles d'être pathogènes pour les plantes, alors qu'une cinquantaine sont dangereuses pour l'homme.

Aussi bien pour les écosystèmes forestiers que pour les écosystèmes cultivés, le déséquilibre peut être apporté par l'introduction d'un pathogène exotique provenant des échanges commerciaux entre pays ou continents. N'ayant pas évolué avec le champignon pathogène durant de longues périodes, les végétaux affectés peuvent alors présenter une très forte sensibilité à l'envahisseur.

Un envahisseur venu d'Amérique

Les conséquences pour l'homme d'une maladie affectant une culture essentielle à l'alimentation peuvent être dévastatrices. Un des exemples les plus terribles est la Grande Famine irlandaise causée en partie par le mildiou de la pomme de terre. Le mildiou sévit sur de nombreuses plantes et peut être provoqué par différents agents pathogènes. Celui de la pomme de terre et de la tomate est dû à *Phytophthora infestans*, un oomycète qui, contrairement aux vrais champignons, contient de la cellulose et non de la chitine dans ses parois. Il produit des zoospores mobiles asexuées qui participent avec des spores asexuées à la dissémination de la maladie. L'agent pathogène survit généralement l'hiver sous forme de mycélium dans les tubercules et les restes des parties aériennes infectés. Pendant la saison de végétation, le mildiou attaque les feuilles puis les tubercules qui pourrissent. Les dégâts sont d'autant plus sévères que la saison est humide et qu'aucun traitement fongicide n'est effectué, ce qui était le cas au XIXe siècle.

La pomme de terre a été importée en Europe d'Amérique centrale et de l'Altiplano andin à la fin du XVIe siècle sans ce pathogène, bien que le mildiou soit endémique des Andes. Des spores auraient été accidentellement exportées du Pérou en Amérique du Nord et en Europe par des bateaux transportant du guano. D'après une autre hypothèse plus crédible, l'épidémie se serait développée à partir du Pérou *via* le Mexique. Elle est apparue aux États-Unis en 1843 et s'est massivement et brutalement développée en Europe à partir de 1845. L'Irlande, dépendant plus de la pomme de terre que des céréales pour son alimentation, était particulièrement vulnérable. À la suite de la révolte des catholiques irlandais contre Cromwell, les lois de 1649 obligent les terres des catholiques à être divisées à chaque génération entre tous les fils, ce qui aboutit à un morcellement excessif. Au moment de l'intégration en 1801 de l'Irlande au Royaume-Uni, de riches protestants anglais font l'acquisition de beaucoup de terres irlandaises morcelées. Ces propriétaires imposent des loyers excessifs aux fermiers catholiques irlandais qui ne subsistent que grâce à la pomme de terre. À partir de 1845,

Le mildiou sur les tubercules de pomme de terre présente un autre aspect que sur les feuilles. © Inra, Amélioration des plantes, Rennes.

Phytophthora infestans sur feuilles de pomme de terre. © Inra, Imre VEGH, Pathologie végétale, Versailles-Grignon.

le mildiou détruit chaque année environ 40 % de la récolte de pommes de terre. Les paysans ne peuvent plus payer leur loyer et sont expulsés de leurs fermes par les Anglais qui y mettent parfois le feu pour faire bonne mesure. Plusieurs dizaines de milliers de familles sont chassées et errent sur les routes dans le froid, la pluie ou la neige. Bien qu'il n'y ait pas eu de statistiques officielles, les réfugiés sont estimés à près de deux millions de personnes. La population irlandaise d'environ huit millions de personnes meurt de faim. On estime qu'en dix ans, la famine a fait un million de morts. Pour ne pas mourir, deux millions d'Irlandais quittent leur pays, principalement pour les États-Unis et le Canada qui bénéficieront ultérieurement du dynamisme de ces migrants qui en deviendront les élites. Les Irlando-Américains représentent actuellement environ 10 % de la population des États-Unis d'Amérique. Un tel désastre pour l'Irlande n'est cependant pas la conséquence du seul mildiou qui a touché d'autres pays européens sans avoir des conséquences aussi terribles. En effet, en plus du comportement infâme des propriétaires terriens protestants, le gouvernement britannique a continué pendant la Grande Famine à autoriser l'exportation de denrées alimentaires hors d'Irlande y compris vers l'Angleterre. Les Irlandais vont alors se révolter et la lutte contre l'Angleterre ne s'arrêtera plus. La paix récente est fragile, et dans le contexte du « Brexit », la question de la frontière entre les deux Irlande est insoluble.

D'autres mildious font des ravages sur d'autres cultures. Citons celui de la vigne, *Plasmopora viticola*, qui est aussi un oomycète.

Des envahisseurs venus d'Asie ?

L'oïdium du chêne, apparu pour la première fois de façon épidémique en Espagne et en France en 1907, s'attaque surtout aux jeunes feuilles de chêne blanc et particulièrement au chêne des Pyrénées ou chêne tauzin (*Quercus pyrenaica*), et aussi au chêne pédonculé (*Q. robur*). Il affecte les feuilles des semis et celles des rejets des chênes têtards. Il forme sur les jeunes feuilles au printemps et en été un feutrage blanc poudreux. Le champignon pénètre dans les feuilles et prélève à l'aide d'haustoria, des sortes de suçoirs, des composés carbonés dans les cellules, ce qui réduit la photosynthèse et flétrit ces feuilles. L'oïdium a rapidement envahi l'Europe et semble maintenant avoir une aire de répartition mondiale. Au moment de son apparition massive en Europe, les forestiers ont été très alarmistes, craignant que la régénération du chêne pédonculé par semis ou par taillis ne soit définitivement compromise. Après quelques années, la sévérité des attaques semble avoir diminué pour des raisons obscures, et la régénération du chêne pédonculé n'a pas été

Jeunes semis de chêne infectés par l'oïdium (*Erysiphe alphitoides*). © Inra, Pascal Pascal Frey, Unité IAM, Nancy.

Oïdium sur feuilles de vigne, dû à *Erysiphe necator*. © Inra, Yvon Bugaret, Pathologie végétale, Bordeaux.

vraiment mise en danger. La maladie est toujours présente, mais malgré sa fréquence, ses conséquences ne sont pas considérées comme majeures. L'origine de cet oïdium brutalement apparu en 1907 a fait à l'époque l'objet de nombreux débats, l'hypothèse asiatique étant privilégiée. Des analyses moléculaires récentes ont apporté un éclairage nouveau sur l'origine possible de ce parasite. En Europe, quatre espèces d'érysiphales, une grande famille de basidiomycètes, ont été identifiées. En France, l'espèce la plus fréquente, détectée dans 80 % des échantillons, est *Erysiphe alphitoides*. Une espèce récemment découverte au Japon, *E. quercicola*, est présente dans 15 % des échantillons. Enfin, *E. hypophylla* et *Phyllactinia guttata* (*sensu lato*) n'ont été détectés que sur quelques échantillons. L'origine de l'oïdium qui affecte les chênes européens apparaît donc plus complexe qu'on ne le pensait, avec plusieurs migrations possibles d'espèces fongiques différentes en provenance d'Asie. Mais l'hypothèse inverse est envisagée, et ce serait *E. alphitoides* qui, à partir des chênes européens, se serait étendue à plusieurs espèces d'arbres tropicaux dont l'hévéa. L'oïdium de la vigne est causé par une autre espèce, *E. necator*, arrivée en Europe en 1845 en provenance d'Amérique du Nord.

Les ormes sont naturellement présents dans toutes les régions tempérées de l'hémisphère nord. Il en existe environ vingt-cinq espèces en Extrême-Orient (Chine et Japon), cinq ou six dans l'Himalaya et autant en Europe et en Amérique du Nord. La maladie hollandaise de l'orme, ainsi appelée parce que les premières recherches ont eu lieu aux Pays-Bas, est une maladie de flétrissement causée par un champignon ascomycète du genre *Ophiostoma*. Ce champignon se propage dans le système vasculaire de l'arbre et obstrue les vaisseaux. Il émet également des toxines qui diffusent en avant du front de progression du mycélium et qui contribuent aussi au flétrissement. Le champignon est transmis des ormes malades aux arbres sains par des scolytes qui creusent des galeries dans les troncs ou par anastomose* des racines entre arbres voisins. Cette maladie était inconnue en Europe et en Amérique du Nord avant 1900. Au cours du XXe siècle, il y a eu deux pandémies extrêmement destructrices dans l'hémisphère nord, la première apparue vers 1915 et la seconde, vers 1970. La première pandémie venant d'Asie a été causée par *Ophiostoma ulmi*, qui s'est propagé d'Europe de l'Ouest vers l'est jusqu'en Asie. La maladie a atteint la Grande-Bretagne et l'Amérique du Nord aux environs de 1927. À partir de 1940, l'intensité de l'épidémie a commencé à décliner en Europe, probablement sous l'effet de virus pathogènes pour le champignon, mais pas en Amérique du Nord. Vers 1970, une nouvelle pandémie, plus sévère que la première, a démarré en Grande-Bretagne et en Europe de l'Ouest avec un pathogène différent, *O. novo-ulmi*. Des études ultérieures ont démontré que cette nouvelle espèce était apparue dès 1940 en deux endroits différents sous deux formes, une forme européenne en Moldavie et en Ukraine et une forme américaine dans la région des

Ormes champêtres présentant des symptômes de flétrissement causés par la graphiose (ou maladie hollandaise). © Inra, Pascal Frey, Unité IAM, Nancy.

Grands Lacs d'Amérique du Nord. La souche européenne s'est répandue dans toute l'Europe. La souche américaine s'est disséminée dans toute l'Amérique du Nord puis a gagné l'Europe *via* des grumes de bois importées et a en partie remplacé *O. ulmi*. Une question encore irrésolue est celle de l'origine de ce pathogène. L'hypothèse généralement retenue est celle d'une origine asiatique subtropicale pour *O. ulmi* : sa température optimale de croissance est en effet de 28 °C, alors que celle d'*O. novo-ulmi* n'est que de 22 °C. Cependant, un inventaire partiel effectué en 1986 en Chine centrale et dans le Xinjiang n'a pas permis de retrouver *O. ulmi*, qui est aussi absent du Japon. Par contre, dans l'ouest de l'Himalaya, Brasier et Mehotra, en 1995, ont trouvé une espèce ou sous-espèce très proche d'*O. novo-ulmi*, *O. himal-ulmi*, qui est très agressive. Il est donc probable qu'*O. ulmi* et *O. novo-ulmi* aient une origine différente, plus subtropicale pour l'un et plus froide pour l'autre. D'autre part, les deux espèces peuvent s'hybrider, ce qui implique des flux de gènes entre les deux.

À la suite de ces invasions successives du champignon, la maladie a fait des dégâts énormes sur les deux continents. Les ormes – au moins les arbres adultes – ont, en quelques dizaines d'années, quasiment disparu d'Europe et d'Amérique du Nord. Cependant, des rejets ou des drageons repartent des racines avant d'être contaminés quelques années plus tard.

Une collaboration entre l'Inra et l'institut Alterra à Wageningen (Pays-Bas) a permis de créer des cultivars résistants, comme la variété Lutèce, par croisement entre espèces européennes et une espèce asiatique résistante.

Toxiques ou hallucinogènes

L'amanite phalloïde (*Amanita phalloïdes*), parfois appelée calice de la mort, ou oronge verte, ou encore – en anglais – *death cap* ou chapeau de la mort, a un nom latin inapproprié. Contrairement à d'autres champignons, comme *Phallus impudicus*, elle n'a nullement la forme d'un sexe masculin ! En apparence, c'est une superbe espèce qui se développe à la fin de l'été ou à l'automne dans les forêts feuillues de toute l'Europe, de l'Irlande à l'Oural et de la Scandinavie à la Méditerranée. Elle est aussi naturellement présente en Afrique du Nord. L'amanite phalloïde s'est dispersée au-delà de son aire naturelle par introduction accidentelle. On la rencontre maintenant sur la côte Ouest des États-Unis, de la baie de San Francisco à Los Angeles, où elle est considérée comme une espèce invasive, et moins fréquemment sur la côte Est. Elle a aussi été introduite en Australie, en Afrique du Sud et en Amérique du Sud.

Elle apparaît d'abord sous forme d'un œuf blanc émergeant du sol, couvert d'un voile. Le voile se déchire et laisse deviner un chapeau hémisphérique d'un beau vert clair ou vert olive qui se déploie ensuite pour atteindre 15 cm de diamètre. Les lamelles restent blanches. Le pied blanc taché de vert à sa base s'élève jusqu'à 15 cm de hauteur, avec en son centre un anneau issu de la partie supérieure du voile. La partie inférieure du voile reste en place, insérant la base du pied sous forme d'une volve très caractéristique.

L'amanite phalloïde synthétise de nombreuses molécules toxiques, que l'on peut classer en deux groupes : les amatoxines et les phallotoxines. Les plus redoutables sont les amatoxines, constituées de chaînes de huit acides aminés en anneau. Elles ont la propriété de bloquer la

Redoutable amanite phalloïde (*Amanita phalloïdes*).

synthèse des protéines. Le foie est l'organe le plus rapidement touché, puis ce sont les reins qui sont atteints. Les premiers symptômes sont d'ordre gastro-intestinal ; suivent une hépatite grave puis une insuffisance rénale ; la mort peut intervenir en une à deux semaines. Il suffit de quelques grammes de champignon pour que l'issue soit fatale. En dehors des lavages d'estomac ou de la décontamination gastrique par du charbon actif, il existe quelques traitements qui peuvent atténuer les effets de l'empoisonnement, mais pas d'antidote. La mortalité, de l'ordre de 60 à 70 % des cas vers 1950, est passée maintenant au-dessous de 15 %. L'empoisonnement à l'amanite phalloïde est un des plus fréquents, et une des plus graves intoxications fongiques. La prévention reste le meilleur moyen de lutte.

Un médecin originaire des Vosges, Pierre Bastien, a proposé dans les années 1960-1970 un traitement curatif à mettre en place dès l'apparition des premiers symptômes, une douzaine d'heures après ingestion. Ce traitement était à base de vitamines B et C, d'un antibiotique et d'un désinfectant intestinal. Devant le scepticisme de ses confrères, à grand renfort d'articles dans les journaux locaux, le docteur Bastien s'est appliqué lui-même son traitement à trois reprises après ingestion volontaire d'amanite phalloïde. Il a été sauvé à chaque fois… non pas par son traitement, mais par l'intervention de ses confrères du CHU de Nancy ! La toxicité de l'amanite phalloïde est connue depuis longtemps. Cette propriété aurait d'ailleurs été mise à profit dès l'Antiquité pour perpétrer des assassinats.

Petit saut dans la Rome antique : Locuste aurait contribué à l'assassinat de l'empereur Claude à l'instigation de sa quatrième épouse, Agrippine, et à celui de Britannicus, le fils de Claude, par Néron. Il existe une littérature abondante sur la célèbre empoisonneuse, qui se serait servie de l'amanite phalloïde pour ses crimes. Elle est parfois elle-même représentée en amanite phalloïde ! Son histoire a été embellie au fil des siècles, et si l'on se réfère aux trois auteurs les plus fiables de l'époque, Pline l'Ancien, Tacite et Suétone, il n'est pas du tout certain que Locuste ait utilisé des champignons comme arme, ni même que son existence fût réelle.

Pline l'Ancien, dans son *Histoire naturelle*, écrite en 77 apr. J.-C., soit environ vingt-cinq ans après le meurtre, attribue l'empoisonnement de Claude à la fausse oronge ou amanite tue-mouches (*Amanita muscaria*). Le problème est que cette amanite n'est pas mortelle ; elle est même parfois utilisée sciemment comme hallucinogène. Après ingestion, elle entraîne rapidement (30 minutes à 3 heures) l'apparition d'un état euphorique, avec une excitation intense et des hallucinations. Cette période d'extase est suivie d'une phase de sommeil, parfois de coma et de troubles digestifs si l'ingestion a été très conséquente. La guérison intervient au bout de 12 à 24 heures. Il n'est donc guère possible que l'amanite tue-mouches ait été employée pour l'assassinat de Claude. On notera également que Pline l'Ancien ne fait aucune allusion à Locuste…

Plus de cinquante ans après le crime, vers 110 apr. J.-C., Tacite embellit le récit dans ses *Annales* et fait référence à des textes dont il n'existe plus de traces. Ses sources sont donc par elles-mêmes incertaines, et le récit qu'il en a tiré, peu explicite. Il apparaît que le poison aurait été mélangé à un plat de champignons prisés par l'empereur, mais que ce ne sont pas les champignons eux-mêmes qui auraient été à l'origine de l'empoisonnement.

Suétone, dans sa *Vie des douze Césars* (*De vita duodecim Caesarum*), écrite un peu plus tard vers 120 apr. J.-C., reste très laconique, mais affirme que des champignons seraient bien à l'origine de cette mort.

Quant à Britannicus, la seconde tentative d'empoisonnement aurait été la bonne, bien qu'un esclave ait goûté au préalable le breuvage. Mais le poison fut versé dans de l'eau qui servit à rafraîchir le breuvage testé, trop chaud pour Britannicus, qui mourut quasi immédiatement, privé de parole. Néron aurait fait croire aux convives qu'il s'agissait d'une crise d'épilepsie, maladie dont il était atteint. Une mort aussi foudroyante ne peut être attribuée à un champignon et certainement pas au plus redoutable d'entre eux, l'amanite phalloïde. Comme nous l'avons vu, les symptômes d'empoisonnement à l'amanite phalloïde n'apparaissent eneffet qu'entre 6 et 24 heures après l'ingestion.

Suétone, reprend à peu près le texte de Tacite sur la mort de Britannicus, mais en donnant plus de précisions sur la seconde tentative. Devant l'échec du premier essai, selon Suétone, Néron aurait obligé Locuste à tester le second poison sur un chevreau qui mourut sur-le-champ, comme ensuite Britannicus. Toujours selon Suétone, Néron donna à Locuste *l'impunité pour son travail zélé ainsi que de vastes propriétés et des disciples.*

Les Champignons par Émile Gallé (vers 1865) :
Timeo Dannaos et dona Ferentes
ou
Je crains les Grecs et encore plus leurs cadeaux
Locuste se dresse livide ; à ses pieds
L'imprudente victime se débat expirante.

Ce qui frappe lorsqu'on compare les trois textes, c'est l'accumulation de détails en fonction du temps. Locuste n'est même pas mentionnée dans le texte de Pline. Elle apparaît dans celui de Tacite, et Suétone ajoute encore d'autres éléments qui nous paraissent aussi suspects que ceux de Tacite. Plus tard et particulièrement à la période actuelle, d'autres détails sur la vie de Locuste sont encore apparus. Il ne nous semble pas certain qu'elle ait existé, et quels que soient les véritables assassins de Claude et Britannicus, il apparaît peu probable que leur mort ait été provoquée par des champignons. Ce n'est que progressivement que le mythe de Locuste empoisonneuse à l'amanite phalloïde s'est forgé au fil du temps.

L'amanite tue-mouches (*Amanita muscaria*), aussi attrayante que toxique.

L'amanite printanière (*Amanita verna*) est moins colorée mais tout aussi dangereuse. © Narcis Macau.

L'amanite vireuse (*Amanita virosa*), aussi dangereuse que l'amanite phalloïde.

L'amanite panthère (*Amanita pantherina*), brune et tachetée, dont il faut se méfier… © Patrick Chapon.

Dans la famille des amanites, d'autres espèces sont très dangereuses : la bien connue amanite tue-mouches ou fausse oronge (*A. muscaria*), parfois consommée pour ses propriétés hallucinogènes, l'amanite printanière (*A. verna*), l'amanite vireuse (*A. virosa*) et l'amanite panthère (*A. pantherina*). Cette dernière peut se confondre avec deux amanites comestibles, l'amanite rougissante (*A. rubescens*) et l'amanite épaisse (*A. spissa*).

De nombreux autres champignons contiennent des molécules dangereuses pour l'homme après ingestion. Le nombre de champignons mortels est estimé à une trentaine dans le monde ; celui de champignons provoquant de troubles importants est évalué à plusieurs centaines ou plusieurs milliers. Aussi redoutable que l'amanite phalloïde, parce que facilement confondue avec une espèce comestible, le clitocybe nébuleux, l'entolome livide (*Entoloma sinuatum*) est une espèce à éviter à tout prix. Cet entolome est aussi un décomposeur de litière de feuillus et vit dans des biotopes très voisins de ceux du clitocybe nébuleux.

L'entolome livide (*Entoloma sinuatum*), dont le nom n'inspire guère confiance... à juste titre.

Les espèces de la très grande famille des cortinaires sont le plus souvent toxiques. Certaines, comme le cortinaire si joli (*Cortinarius rubellus*), sont extrêmement dangereuses, mais heureusement plutôt rares. Il en est de même du cortinaire des montagnes (*C. orellanus*). Les gyromitres (*Gyromitra esculenta, G. infula, G. fragilis*) ou fausses morilles sont tout aussi redoutables, comme leurs cousines les cudonies. Citons enfin les galères, des champignons saprophytes très communs (*Galerina marginata, G. badipes, G. unicolor*), dont la petite taille n'incite heureusement pas les promeneurs à les ramasser.

Entre la toxicité et l'hallucination, la différence est faible. L'exemple le plus célèbre est celui de l'ergot de seigle, responsable du mal des ardents – ou feu de Saint-Antoine –, maintenant appelé ergotisme. *Claviceps purpurea* est un ascomycète qui forme des sclérotes noirs dans les épis de seigle ou plus rarement de blé. Ce champignon synthétise un alcaloïde proche du LSD. Avant que l'on ne découvre la relation de cause à effet entre l'ergot de seigle et le mal des ardents, les personnes qui consommaient du pain de seigle contaminé par le champignon éprouvaient des hallucinations et pouvaient mourir dans d'atroces douleurs. En effet, en plus de substances hallucinogènes, *C. purpurea* synthétise des toxines extrêmement dangereuses qui ont été à l'origine de milliers de morts avant que l'ergot de seigle ne soit éradiqué. Beaucoup de moisissures produisent ce type de composés, que l'on appelle mycotoxines.

Sclérote de *Claviceps purpurea (en bas à droite) sur* épi de seigle. © Inra, Imre VEGH, Pathologie végétale, Versailles-Grignon.

Il semble que plusieurs champignons, malgré leur dangerosité, aient été très tôt volontairement utilisés pour rechercher des sensations fortes. On dit que l'amanite tue-mouches était utilisée dans de supposés rites chamaniques pendant la Préhistoire, mais rien n'est moins certain. La première mention de recours à l'amanite tue-mouches comme psychotrope date de 1736. Elle est due à Philip Johan Tabbert von Strahlenberg, un soldat de l'armée suédoise fait prisonnier par les Russes et envoyé en Sibérie, qui en a décrit l'utilisation dans l'Extrême-Orient russe. Les substances hallucinogènes qu'elle renferme, l'acide iboténique et le muscimol, sont en partie ou totalement détruites par la cuisson, ce qui explique que l'amanite tue-mouches ait servi d'aliment en Sibérie. Pour éprouver des hallucinations, il était nécessaire de la consommer crue.

Grâce aux travaux de Roger Heim, directeur du Muséum national d'histoire naturelle de Paris, nous connaissons beaucoup mieux l'usage des champignons hallucinogènes en Amérique et plus particulièrement au Mexique. Nous avons la preuve écrite que les Aztèques – et entre autres les Mazatèques – utilisaient des champignons qui « enivrent » avant l'arrivée des Espagnols. Ces champignons provoquaient des visions et étaient aussi supposés être aphrodisiaques. L'état second dans lequel se trouvaient les consommateurs était considéré comme un moyen de parvenir à la rencontre des dieux. Ces derniers pouvaient ainsi transmettre leurs messages aux hommes… Les champignons devenaient alors sacrés. Chez les Mazatèques, ces champignons sacrés n'étaient pas vendus sur les marchés ; ils étaient cueillis à la nouvelle lune par les *curanderos* – des chamanes qui, pour communiquer avec les dieux, les consommaient à jeun, frais et crus. Ces *curanderos* faisaient payer ceux qui voulaient connaître la volonté des dieux, guérir un de leurs proches ou se guérir eux-mêmes, ou encore connaître leur destin. Par leur bouche, les champignons étaient la voix des dieux qui parlaient de la vie, de la mort, de l'avenir ou encore des objets perdus. Roger Heim a identifié quatre champignons sacrés : *Psilocybe mexicana*, un petit champignon appelé *angelitos* en espagnol et poussant dans les pâtures ou les champs de maïs ; *Stropharia cubensis*, moins estimé, le « champignon sacré du fumier de taureau », qui se développe sur les bouses des bovins ; *Psilocybe caerulescens*, aussi dénommé le champignon des éboulis ; et *Conocybe* – ou *Pholiotina* – *siligineoides*, un champignon forestier poussant sur le bois mort. De nombreux autres champignons hallucinogènes ont été recensés par la suite : des espèces de psilocybes, des *Cordiceps* et bien d'autres genres ou espèces. Beaucoup pouvaient être utilisés directement par des malades sans intervention d'un chamane. Roger Heim a identifié les deux principales molécules hallucinogènes des psilocybes, la psilocybine et la psilocine. Quatre à huit milligrammes de psilocybine ingérés oralement provoquent au bout de trois quarts d'heure un état second, proche de l'ivresse, qui dure plusieurs heures

Le psilocybe lancéolé (*Psilocybe semilanceata*), un champignon proprement… stupéfiant.

sans laisser de séquelles. La majorité des psilocybes produisent cette molécule psychotrope. Il existe environ une centaine d'espèces de ces champignons dans le monde, dont 80 % produiraient de la psilocybine.

Les travaux de Roger Heim et de ses collaborateurs, Robert Gordon Wasson et Maria Sabina, ont suscité beaucoup d'intérêt, et à partir de 1960, la consommation de psilocybes a commencé à se répandre aux États-Unis – d'abord chez les hippies –, puis en Europe. Actuellement, la consommation des psilocybes à des fins hallucinogènes est importante, mais se situe loin derrière celle du cannabis. Ces champignons sont classés comme stupéfiants, et leurs récolte, consommation ou commerce sont interdits dans la plupart des pays, dont la France.

En Europe, il existerait une dizaine de psilocybes dont le plus fréquent est *Psilocybe semilanceata* ou psilocybe lancéolé. Ce champignon à répartition mondiale ne dépasse pas 3 à 12 cm de hauteur. Il possède un petit chapeau visqueux de couleur beige à brune, à rainures radiales, se terminant en mamelon central. Le chapeau surmonte un pied effilé, longiligne, blanc ou beige très clair avec éventuellement des marbrures brunes. Les lames adnées (adhérentes au pied) sont d'abord crème, puis se teintent de pourpre lorsque les spores de forme ellipsoïde et violacées sont matures. Les fructifications du psilocybe lancéolé se développent dans des prairies ou des formations herbeuses naturelles, généralement acides, de la plaine jusqu'à 2 000 mètres d'altitude.

Accumulateurs de métaux lourds et de radioéléments

Certaines espèces de champignons sont considérées comme des accumulateurs de métaux et en particulier de métaux dits lourds dont certains ont une fonction biologique (zinc, cuivre, manganèse, nickel, cobalt) alors que d'autres n'en ont pas (plomb, cadmium ou mercure). De même, certains champignons ont la capacité d'accumuler des radioéléments comme le césium 137 (^{137}Cs) résultant des essais nucléaires aériens ou d'accidents nucléaires. La capacité à accumuler les métaux lourds ou des radioéléments relève de divers mécanismes qui ne sont pas encore complètement élucidés. Un des mécanismes avancés est l'adsorption* de métaux sur des granules de polyphosphates associés à des protéines dans les vacuoles. Les métaux et en particulier le cuivre, le zinc ou l'aluminium seraient ainsi soustraits à l'équilibre ionique de la cellule. Certains mettent en doute ce mécanisme, estimant que les granules de polyphosphates seraient des artefacts formés au moment de la fixation des tissus avant l'observation en microscopie électronique. Les métaux semblent aussi pouvoir générer des cristaux à l'intérieur des vacuoles en association avec divers acides organiques. La chélation* des métaux à l'intérieur des cellules par des protéines particulières de type métallothionéines semble aussi possible. Quel(s) que soi(en)t le (ou les) mécanisme(s) impliqué(s), l'accumulation de métaux lourds ou de radioéléments dans les tissus fongiques, et en particulier dans ceux de basidiomycètes ectomycorhiziens, est un fait bien établi. Beaucoup ont absorbé en quantité importante le ^{137}Cs provenant des essais nucléaires des années 1950-1960 et celui issu de la catastrophe de Tchernobyl en 1986. Ils immobilisent ce césium en quantité importantes dans leur mycélium souterrain et leurs fructifications. En comparaison avec les champignons saprophytes, les champignons ectomycorhiziens ont une capacité bien supérieure à accumuler le ^{137}Cs dont la demi-durée de vie est de 30,2 années. Dans le Beaujolais, le Charolais et le Morvan, de 1992 à 1997, des fructifications de quatre espèces de champignons ectomycorhiziens ont pu contenir plus de 1 000 à 2 000 becquerels de ^{137}Cs par kilogramme de matière sèche, alors qu'il n'y avait que peu d'accumulation pour d'autres. La question est de savoir si le radiocésium ainsi prélevé et accumulé peut être transféré à l'hôte. Les résultats sont quelque peu contradictoires suivant les espèces de champignons ectomycorhiziens. Mais dans l'ensemble, il n'y a que très peu de transfert à l'arbre hôte. Il en est de même pour les champignons endomycorhiziens à arbuscules, qui semblent même limiter le transfert du ^{137}Cs à la plante associée.

Il n'en reste pas moins que plusieurs années après l'explosion de Tchernobyl, un peu partout en Europe, les chapeaux de beaucoup de champignons ectomycorhiziens étaient enrichis en ^{137}Cs. À diverses reprises, les autorités de plusieurs pays ont conseillé de ne pas consommer de champignons forestiers et d'éviter les importations des pays de l'Est. La consommation de champignons forestiers étant très occasionnelle et limitée en quantité, il ne semble pas que les mycophages aient encouru de risques importants dans les années qui ont suivi le désastre de Tchernobyl. Mais en 1996, soit dix ans après la catastrophe, un fait divers a attiré l'attention des

Conseils aux ramasseurs de champignons

Cueillir des champignons est un loisir des plus agréables, mais qui peut vite se transformer en cauchemar si quelques règles élémentaires ne sont pas respectées. Il faut d'abord rappeler que la cueillette est tout simplement interdite dans une propriété privée et que l'on ne peut y pénétrer, qu'il y ait ou non une clôture, sans autorisation du propriétaire. Une récolte sans l'aval du propriétaire est un vol !

En France, dans les forêts publiques appartenant à l'État et gérées par l'Office national des forêts (ONF), le code forestier mentionne que, sauf réglementation contraire, l'autorisation est présumée lorsque la quantité prélevée n'excède pas 5 kg par personne et par jour. Au-delà, le contrevenant s'expose à des amendes. Dans certains départements, il peut exister des règles particulières éditées par les préfets. Dans l'Orne, la Manche et le Calvados, une charte du ramasseur de champignons a ainsi été élaborée de façon à mieux responsabiliser les cueilleurs.

Dans les forêts communales, gérées par l'ONF mais appartenant aux communes, le Code civil indique que les habitants ont un droit acquis de propriété sur tous les produits issus de la propriété communale. Seuls les habitants de la commune sont donc autorisés à y cueillir des champignons. En général, le prélèvement ne doit pas dépasser 5 kg par personne et par jour, comme en forêt domaniale. Certaines communes peuvent louer des lots plus ou moins importants, par adjudication à des particuliers résidents. Seuls les adjudicataires ont alors droit à la cueillette.

En forêt domaniale et communale, les truffes font exception à la règle. Leur récolte est interdite sauf dans les lots loués à cet effet par adjudication. Dans les parcs nationaux ou régionaux ou dans certaines zones protégées, il peut exister des règlements particuliers.

Disposer de cartes bien précises ou d'un GPS est un préalable indispensable. La récolte se faisant souvent en période pluvieuse, mieux vaut être bien équipé en bottes et en ciré, ce qui évitera aussi des rencontres désagréables comme les tiques. Mieux vaut également préférer les paniers aux sacs plastiques... Ces préalables étant acquis, vient le temps de la récolte proprement dite. Il importe de ne ramasser que les espèces dont on est certain et en cas de doute, de faire examiner son panier par un pharmacien mycologue... La connaissance des espèces comestibles ne s'acquiert qu'après une longue expérience auprès de personnes compétentes ! Il existe partout des sociétés mycologiques, et on ne peut que recommander aux mycologues amateurs d'y adhérer. Il est préférable de ne pas récolter les individus vieillissants. Il faut aussi éviter les trop jeunes, qui n'ont pas encore exprimé toutes les caractéristiques de l'espèce. Un critère important de reconnaissance est la présence ou non d'une volve : il est donc préférable de ne pas couper le champignon au couteau, mais d'extraire entièrement le pied. Le danger principal est la confusion d'une espèce comestible avec une espèce dangereuse. Chaque année en France, on relève entre 1 000 et 2 000 intoxications par les champignons et plusieurs décès. Même pour les champignons considérés comme comestibles, il est préférable de ne les consommer qu'en quantité modérée. La plupart des champignons doivent être bien cuits, ce qui permet de détruire les éventuelles toxines. Seules font exception à la règle l'amanite des Césars et les truffes. Enfin le danger que pourrait comporter la présence de radioéléments ou de métaux lourds dans les champignons sauvages est minime : la consommation étant occasionnelle, les doses ingérées ne peuvent être que très faibles et éloignées des seuils autorisés. Par contre, les champignons des zones proches de lieux où se sont produits de accidents nucléaires ne doivent être ni récoltés, ni commercialisés.

La truffe du cerf (*Elaphomyces granulatus*).
© Bernard Clesse.

médias : celui des « sangliers radioactifs » de Saint-Jean-d'Ormont (Vosges). À l'issue d'une partie de chasse, six sangliers abattus se sont révélés contenir des quantités anormales de ^{137}Cs (environ 1 700 becquerels par kilogramme de viande fraîche, soit trois fois le seuil maximum autorisé pour la consommation). Diverses hypothèses ont été émises pour expliquer ce phénomène étrange. Le plus vraisemblable est que ces sangliers ont consommé à diverses reprises des champignons forestiers épigés ou hypogés qui avaient accumulé du ^{137}Cs provenant de l'explosion de Tchernobyl ou d'essais nucléaires aériens antérieurs. Une étude systématique réalisée en Allemagne, dans le Palatinat, sur les estomacs de plusieurs centaines de sangliers a montré que la contamination en ^{137}Cs était surtout due à l'ingestion d'une fausse truffe, la truffe du cerf (*Elaphomyces granulatus*).

Des animaux et des hommes malades des champignons

Les champignons pathogènes des animaux sont beaucoup moins nombreux que ceux des végétaux, et pendant longtemps, ils n'ont pas été reconnus comme constituant une menace grave. Cette perception semble en train de changer en raison de l'apparition récente de plusieurs épidémies touchant la faune sauvage et causées par l'émergence de champignons auparavant inconnus.

En mars 2007, un recensement des chauves-souris dans l'État de New York a révélé une mortalité massive. Quatre espèces étaient infectées par *Geomyces destructans*, un champignon qui se développait sur leur museau et les membranes de leurs ailes, d'où le nom de « syndrome du nez blanc » donné à cette maladie. En 2010, l'infection s'est étendue à 1 200 km au-delà de New York, atteignant le Canada. Une petite chauve-souris brune, *Myotis lucifugus*, est ainsi menacée de disparition totale…

Un autre exemple de maladie fongique, la chytridiomycose, à développement fulgurant, concerne les amphibiens. Elle est due à un champignon, *Batrachochytrium dendrobatidis*, découvert en 1997 et qui attaque la peau. Il infecte plus de 500 espèces dans plus de 50 pays, sur tous les continents. Des régions d'Amérique centrale ont perdu comme cela plus de 40 % de leurs populations d'amphibiens.

De même, *Ophidiomyces ophiodiicola*, qui affecte les serpents, a été observé pour la première fois en 2006 et semble s'étendre dans l'est de l'Amérique du Nord.

La maladie des écrevisses, provoquée par un oomycète (*Aphanomyces astaci*), est liée à l'introduction d'écrevisses américaines, peu sensibles au parasite contrairement aux écrevisses autochtones européennes.

L'effondrement des populations d'abeilles, qui résulte de causes multiples, est en partie lié au développement d'un champignon, *Nosema ceranae*, d'origine asiatique, qui a gagné l'Europe il y a probablement une vingtaine d'années.

Les coraux du genre *Gorgonia* sont gravement affectés par une moisissure, *Aspergillus sydowii*, dont l'agressivité semble liée à l'augmentation de la température de l'eau.

Chez l'homme, l'épidémie de VIH, en affaiblissant le système immunitaire des malades, a entraîné une recrudescence des infections opportunistes comme les candidoses. Le développement de *Cryptococcus gattii* dans le nord-ouest de l'Amérique et de *C. neoformans* en Asie du Sud-Est ne trouve pas pour l'instant d'explications claires.

Les Cordyceps

Les Cordyceps sont des ascomycètes dont de nombreuses espèces parasitent des insectes (coléoptères, lépidoptères, hyménoptères, hémiptères, etc.) du stade larvaire au stade adulte. Certaines espèces peuvent aussi parasiter d'autres champignons comme la truffe du cerf. Un des plus connus est *Cordyceps sinensis*, qui parasite les larves d'un papillon des prairies de l'Himalaya et du plateau tibétain. Depuis des millénaires, ce Cordyceps occupe une place de choix dans la pharmacopée chinoise. Il est paré de toutes les vertus : antivieillissement, anticancéreux, aphrodisiaque, etc. Il est maintenant possible de le cultiver, ce qui devrait permettre de faire face à la demande qui a explosé dans le monde entier. Il fait aussi l'objet de nombreuses recherches pour tenter d'identifier les composés qui pourraient être actifs. Un autre Cordyceps a fait récemment l'objet de nombreuses spéculations : il s'agit d'une espèce qui parasite une fourmi des forêts thaïlandaises. Après infection, les fourmis descendent de leurs nids situés dans les arbres et s'arrêtent à 25 cm du sol, où elles mordent des feuilles et meurent en restant attachées par leurs mandibules après atrophie des muscles. Le champignon est ainsi placé dans des conditions optimales pour terminer sa croissance. C'est probablement son développement sous forme unicellulaire dans le cerveau des fourmis qui est responsable de l'atrophie musculaire… Ce processus étonnant de manipulation du comportement des fourmis par le champignon a fait l'objet de fictions, en particulier dans les jeux vidéo et les mangas. C'est ainsi qu'un champignon prend le contrôle du cerveau du Pokemon Parasect !

Un monde fascinant aux multiples facettes

Les champignons forment définitivement un règne à part, étonnamment plus proche de celui des animaux que de celui des végétaux. On a longtemps pensé que les premiers champignons étaient apparus dans les océans vers – 1,4 milliard d'années. La découverte de structures fongiques dans les formations basaltiques d'Ongeluk en Afrique du Sud, vieilles de 2,4 milliards d'années, laisse à penser que leur présence dans les océans remonte à beaucoup plus tôt qu'on ne le croyait auparavant. Les champignons primitifs ont développé des structures filamenteuses (ou mycéliums) qui assurent une grande surface de contact avec le milieu marin et leur permettent d'avoir accès à une nourriture diffuse résultant de la lyse des cyanobactéries originelles. Cette propriété acquise dans un environnement liquide allait paradoxalement permettre aux champignons de jouer un rôle essentiel dans la colonisation des terres émergées. Lorsque les premiers organismes phototrophes, utilisant l'énergie solaire, ont tenté de coloniser les terres émergées, il y a environ un milliard d'années ou un peu moins, les difficultés étaient quasi insurmontables : longues phases de dessiccation, écarts thermiques importants, éléments minéraux présents sous forme de complexes insolubles dans l'eau et inaccessibles aux cellules, absence d'azote minéral. Des champignons se sont d'abord associés à des cyanobactéries, capables d'utiliser le gaz carbonique et l'azote de l'air, pour former des lichens primitifs. Plus tard, aux environs de – 450 millions d'années, les mêmes champignons primitifs ont permis aux premières plantes vasculaires de quitter les lagunes et de coloniser la terre ferme. Les animaux ont suivi les plantes, et c'est ainsi que se sont constitués les premiers écosystèmes terrestres, qui ont progressivement évolué et donné naissance à la diversité de la vie que nous connaissons sur les continents. Depuis, ces champignons primitifs, très discrets, invisibles, jouent toujours le même rôle en assurant la nutrition minérale de la majorité des plantes, y compris celle de beaucoup de plantes cultivées. D'autres sont apparus et les ont remplacés, chez les arbres des régions tempérées ou chez les lichens.

Les champignons sont donc à l'origine de la colonisation des terres émergées par la vie, et depuis, la préservent en assurant un rôle essentiel dans l'équilibre de tous les écosystèmes terrestres. Le carbone de la biomasse fixée chaque année par la photosynthèse sur les continents doit être recyclé presque complètement. Il n'existe en effet que quelques années de réserve en gaz carbonique atmosphérique. Les champignons sont de très loin les meilleurs recycleurs car ils sont les seuls à pouvoir dégrader les biomolécules parmi les plus répandues sur terre, à savoir les lignines et – à degré moindre – la cellulose ou les hémicelluloses.

Bien avant les hommes, des fourmis, des termites, des coléoptères ou des gastéropodes ont réussi à cultiver des champignons. Avant cette étape, dès la Préhistoire, et sans doute au prix de maints essais infructueux, les hommes ont cueilli des champignons pour leur consommation. Des usages non alimentaires datent aussi de ces périodes lointaines, comme en témoigne

Page de gauche : faux clitocybes lumineux (*Omphalotus illudens*).

l'amadou que transportait Ötzi, l'homme des glaces, il y a environ cinq mille ans. Ce sont les Chinois qui, les premiers, ont réussi il y a un millénaire à cultiver un champignon comestible, le *shiitake*. L'autre grande réussite – suivie de beaucoup d'autres – a été celle du champignon de Paris, dont la culture a débuté au XVIIe siècle. À l'exception de la truffe noire du Périgord, qui est devenue un des fleurons de la gastronomie, seuls les champignons saprotrophes sont cultivables. De nombreux remarquables comestibles vivant en symbiose avec les arbres, comme les bolets ou les chanterelles, ne peuvent être domestiqués. Leur consommation reste tributaire des récoltes en forêt.

Depuis la Préhistoire, on fait appel à des champignons invisibles ou peu visibles à l'œil nu (levures et moisissures) pour transformer la matière première en aliments élaborés (pain, fromage, vin, bière, saké) incontournables dans notre alimentation. D'autres fournissent des molécules comme les antibiotiques, qui ont bouleversé la médecine… et de nombreuses molécules fongiques intéressantes pour la santé restent à découvrir ! Quant à l'utilisation des levures dans la fabrication des biocarburants de première génération, elle est déjà effective. Celles-ci continueront à jouer un rôle important dans la production des carburants de seconde génération, dont le développement futur a cependant été surestimé.

Il existe dans le monde fongique une autre facette qui peut être source de catastrophes. Beaucoup de champignons sont en effet pathogènes, et s'ils jouent un rôle important dans les écosystèmes naturels, en éliminant les individus les moins adaptés à leur environnement ou en fin de vie, l'équilibre qui s'établit entre les différentes communautés peut être rompu. Les plantes cultivées ne sont plus en équilibre avec le milieu et sont sujettes à de nombreuses maladies dont la majorité est d'origine fongique. Les dégâts provoqués par les champignons dans les cultures sont un des problèmes majeurs de l'agriculture. Les ravageurs évoluent sans cesse, contournent les résistances de leur hôte et surtout passent d'un continent à l'autre avec la multiplication des échanges. Des catastrophes comme celle ayant résulté de l'arrivée du mildiou de la pomme de terre en Irlande en provenance d'Amérique peuvent toujours se produire.

S'il existe une armada de champignons pathogènes des plantes, il y en a beaucoup moins qui sont dangereux pour les animaux ou les hommes. Cependant, l'apparition récente de plusieurs épidémies touchant la faune sauvage et causées par l'émergence de champignons auparavant inconnus laisse à penser que la situation est en train de se modifier, en raison d'échanges intercontinentaux de plus en plus nombreux et peut-être du fait des changements climatiques.

Un certain nombre de menaces pèsent sur la diversité des champignons eux-mêmes en raison des activités humaines qui détruisent, réduisent ou modifient leurs habitats et peuvent entraîner des transferts indésirables d'espèces. Les changements climatiques vont très probablement induire des déficits hydriques estivaux de plus en plus marqués qui pourraient s'étendre à l'automne et réduire les fructifications pendant cette période. Il faut cependant être très prudent dans les prévisions. Rappelons que la terrible sécheresse du printemps et de l'été 1976 en Europe a été suivie de fortes précipitations et d'une fructification hors norme de champignons à l'automne de la même année.

Page de droite : mycènes à pied jaune (*Mycena renati*).

Pour en savoir plus

Ouvrages généraux

Garbaye J., 2013. *La symbiose mycorhizienne : une association entre les plantes et les champignons*, éditions Quae, 252 p.

Le Tacon F., 2017. *Les truffes. Biologie, écologie et domestication*, AgroParisTech, 303 p.

Martin F., 2014. *Tous les champignons portent-ils un chapeau ? 90 clés pour comprendre les champignons*, éditions Quae, 184 p.

Martin F., 2018. *Sous la forêt. Pour survivre il faut des alliés*, HumenSciences éditions, 240 p.

Pasteur L., 1866. *Études sur le vin : ses maladies, causes qui les provoquent, procédés nouveaux pour le conserver et pour le vieillir*, 2nde édition, Savy éditeur (1873).

Selosse M.-A., 2017. *Jamais seul. Ces microbes qui construisent les plantes, les animaux et les civilisations*, éditions Actes Sud, 370 p.

Articles

Arnold A.E., 2007. Understanding the diversity of foliar endophytic fungi: progress, challenges, and frontiers, *Fungal Biology Reviews*, 21(2-3), p. 51-66.

Arranz-Otaegui A. *et al.*, 2018. Archaeobotanical evidence reveals the origins of bread 14,400 years ago in northeastern Jordan, *Proceedings of the National Academy of Sciences*, 115(31), p. 7925-7930.

Berman-Frank I., Lundgren P., Falkowski P., 2003. Nitrogen fixation and photosynthetic oxygen evolution in cyanobacteria, *Research in Microbiology*, 154(3), p. 157-164.

Bizarria R. *et al.*, 2018. Soluble Compounds of Filamentous Fungi Harm the Symbiotic Fungus of Leafcutter Ants, *Current Microbiology*, 75(12), p. 1602-1608.

Boullard B., Lemoigne Y., 1971. Les champignons endophytes du Rhynia gwynne-vaughanii K. et L. Étude morphologique et déductions sur leur biologie, *Le Botaniste*, 54, p. 49-89.

Brasier C.M., 1991. *Ophiostoma novo-ulmi* sp. nov., causative agent of current Dutch elm disease pandemics, *Mycopathologia*, 115(3), p. 151-161.

Cavalieri D. *et al.*, 2003. Evidence for S. cerevisiae fermentation in ancient wine, *Journal of Molecular Evolution*, 57 (suppl. 1), p. S226-S232.

Cavalier-Smith T., 2010. Deep phylogeny, ancestral groups, and the four ages of life, *Philosophical Transactions of the Royal Society B: Biological Sciences*, 365, p. 11-132.

Chen A.W., Arnold N., Stamets P. 2000. « Shiitake cultivation systems », dans L.J.L.D. Van Griensven (éd.), *Science and Cultivation of Edible Fungi*, Proceedings of the 15th International Congress on the Science and Cultivation of Edible Fungi, Maastricht, Netherlands, 15-19 May 2000, p. 771-778.

Chen P.X. *et al.*, 2013. Properties of *Cordyceps Sinensis*: A review, *Journal of Functional Foods*, 5(2), p. 550-569.

Cohen R., Persky L., Hadar Y., 2002. Biotechnological applications and potential of wood-degrading mushrooms of the genus Pleurotus, *Applied Microbiology Biotechnology*, 58(5), p. 582-594.

Cregut M. *et al.*, 2013. New insights into polyurethane biodegradation and realistic prospects for the development of a sustainable waste recycling process, *Biotechnology Advances*, 31(8), p. 1634-1647.

Currie C.R. *et al.*, 1999. Fungus-growing ants use antibiotic-producing bacteria to control garden parasites, *Nature*, 398, p. 701-704.

Danell E., 1997. Les progrès dans la maîtrise de la culture de la chanterelle, *Cantharellus cibarius*, *Revue forestière française*, XLIX, p. 214-221.

Desprez-Loustau M.-L., Marçais B., de la Rocque S., 2006. Facteurs climatiques et maladies dans les écosystèmes naturels et agroécosystèmes, *Biofutur*, 270, p. 37-40.

Dupont J. *et al.*, 2017. Fungi as a source of food, *Microbiology Spectrum*, 5(3), American Society for Microbiology Press.

Page de gauche : le clathre rouge cœur-de-sorcière (*Clathrus ruber*).

Feng B. *et al.*, 2012. DNA Sequence Analyses Reveal Abundant Diversity, Endemism and Evidence for Asian Origin of the Porcini Mushrooms, *PLoS One*, 7(8). DOI : 10.1371/journal.pone.0037567

Ferguson B.A. *et al.*, 2003. Coarse-scale population structure of pathogenic *Armillaria* species in a mixed-conifer forest in the Blue Moutains of northeast Oregon, *Canadian Journal of Forestry Research*, 33(4), p. 612-623.

Fleming A., 1929. On the Antibacterial Action of Cultures of a Penicillium, with Special Reference to their Use in the Isolation of B. influenzæ, *British Journal of Experimental Pathology*, 10(3), p. 226-236.

Floudas D. *et al.*, 2012. The Paleozoic Origin of Enzymatic Lignin Decomposition Reconstructed from 31 Fungal Genomes, *Science*, 336(6089), p. 1715-1719.

Guinberteau J., Courtecuisse R., 1999. Diversité des champignons (surtout mycorhiziens) dans les écosystèmes forestiers actuels, *Revue forestière française*, XLIX, p. 25-36.

Gütle D. *et al.*, 2016. Chloroplast FBPase and SBPase are thioredoxin-linked enzymes with similar architecture but different evolutionary histories, *Proceedings of the National Academy of Sciences*, 11(24), p. 6779-6784. DOI : 10.1073/pnas.1606241113

Heim R., Wasson R.G., 1958. *Les champignons hallucinogènes du Mexique. Études ethnologiques, taxinomiques, biologiques, physiologiques et chimiques*, Archives du Muséum national d'histoire naturelle, 7e série, vol. 6, p. 1-445.

Hughes D.P. *et al.*, 2011. Behavioral mechanisms and morphological symptoms of zombie ants dying from fungal infection, *BMC Ecology*, 11(1), p. 13. DOI : 10.1186/1472-6785-11-13

Hulcr J., Stelinski L.L., 2017. The Ambrosia Symbiosis: From Evolutionary Ecology to Practical Management, *Annual Review of Entomology*, 62, p. 285-303.

Jolivet P., 1980. Les Mannes : Entomologie et botanique, *Supplément au Bulletin mensuel de la Société linnéenne de Lyon*, 49(9), p. 17-22.

Kohler *et al.*, 2015. Convergent losses of decay mechanisms and rapid turnover of symbiosis genes in mycorrhizal mutualists, *Nature Genetics*, 47, p. 410-415.

Lauber C.L. *et al.*, 2008. The influence of soil properties on the structure of bacterial and fungal communities across land-use types, *Soil Biology and Biochemistry*, 40(9), p. 2407-2415.

Leyval C., Turnau K., Haselwandter K., 1997. Effect of heavy metal pollution on mycorrhizal colonization and function: physiological, ecological and applied aspects, *Mycorrhiza*, 7(3), p. 139-153.

Money N.P., 1994. « Osmotic Adjustment and the Role of Turgor in Mycelial Fungi », dans J.G.H. Wessels, F. Meinhardt (dir.), *The Mycota I. Growth, Differentiation and Sexuality*, Springer Verlag, p. 67-88.

Naik S.N. *et al.*, 2010. Production of first and second generation biofuels: A comprehensive review, *Renewable and Sustainable Energy Reviews*, 14(2), p. 578-597.

Nobre T. *et al.*, 2011. Dating the fungus growing termites' mutualism shows a mixture between ancient codiversification and recent symbiont dispersal across divergent hosts, *Molecular Ecology*, 20(12), p. 2619-2627.

Pasteur L., Joubert. J., 1877. Étude sur la maladie charbonneuse, *Comptes rendus de l'Académie des Sciences*, 84, p. 900-906.

Peintner U., Poder R., Pumpel T., 1998. The Iceman's fungi, *Mycological Research*, 102(10), p. 1153-1162.

Pinon J., Lohou C., Cadic A., 1998. Hybrid elms (Ulmus spp.): adaptability in Paris and behaviour towards Dutch elm disease (Ophiostoma novo-ulmi), *Acta Horticulturæ*, 496, p. 107-114.

Pouillard J., 2002. Une découverte oubliée : la thèse de médecine du docteur Ernest Duchesne (1874-1912), *Histoire des sciences médicales*, XXXVI(1), p. 11-20.

Repussard C. *et al.*, 2013. Les champignons endophytes du genre *Neotyphodium et leurs toxines : généralités et problématique française, Revue médicale et vétérinaire*, 164(12), p. 583-606.

Richards T.A. *et al.*, 2012. Marine Fungi: Their Ecology and Molecular Diversity, *Annual Review of Marine Science*, 4, p. 495-522.

Roberts E.M. *et al.*, 2016. Oligocene Termite Nests with *In Situ* Fungus Gardens from the Rukwa Rift Basin, Tanzania, Support a Paleogene African Origin for Insect Agriculture, *PLoS One*, 11(6). DOI : 10.1371/journal.pone.0156847

Rojas Jimenez K. *et al.*, 2017. Early diverging lineages within Cryptomycota and Chytridiomycota dominate the fungal communities in ice covered lakes of the McMurdo Dry Valleys, Antarctica, *Scientific Reports*, 7(1).
DOI : 10.1038/s41598-017-15598-w

Russel J.R. *et al.*, 2011. Biodegradation of Polyester Polyurethane by Endophytic Fungi, *Applied and Environmental Microbiology*, p. 6076-6084.
DOI :10.1128/AEM.00521-11

Saito H., Mitsumata G., 2008. Bidding Customs and Habitat Improvement for Matsutake (*Tricholoma matsutake*) in Japan, *Economic Botany*, Special Mushroom Issue, 62(3), p. 257-268.

Schüßler A., 2012. The *Geosiphon-Nostoc* Endosymbiosis and Its Role as a Model for Arbuscular Mycorrhiza Research, dans B. Hock (éd.), *Fungal Associations. The Mycota. A Comprehensive Treatise on Fungi as Experimental Systems for Basic and Applied Research*, vol. 9, p. 77-91.

Selosse M.-A., Le Tacon F., 1998. The land flora: a phototroph-fungus partnership?, *Trends in Ecology & Evolution*, 13(1), p. 15-20.

Silliman B.R., Newell S.Y., 2003. Fungal farming in a snail, *PNAS*, 100(26), p. 15643-15648.

Smith L.M., Bruhn J.N., Anderson J.B., 1992. The fungus *Armillaria bulbosa* is among the largest and oldest living organisms, *Nature*, 356, p. 428-431.

Steiner M., Fielitz U., 2009. Deer truffles – the dominant source of radiocaesium contamination of wild boar, *Radioprotection*, 44(5), p. 585-588.

Strullu-Derrien C. *et al.*, 2014. Fungal associations in Horneophytonligneri from the Rhynie Chert (c. 407 million year old) closely resemble those in extant lower land plants: novel insights into ancestral plant-fungus symbioses, *New Phytologist*, 203(3), p. 964-979.

Tisserant E. *et al.*, 2013. Genome of an arbuscular mycorrhizal fungus provides insight into the oldest plant symbiosis, *PNAS*, 110(50), p. 20117-20122.

Tournefort J., 1707. Observations sur la naissance et sur la culture des champignons, *Mémoires de mathématiques et de physique de l'Académie royale des sciences*, p. 58-65.

Whitaker R.H., 1969. New Concepts of Kingdoms of Organisms, *Science*, 163(3863), p. 150-160.

Glossaire

Acide aminé : acide organique possédant un groupement azoté (amine). Les acides aminés sont les constituants des protéines.

ADN : acide désoxyribonucléique, support de l'information génétique.

Adsorption : fixation d'ions, de molécules ou de composés à la surface d'un solide aux propriétés adsorbantes.

Anastomose : chez les champignons, existence de connexions entre filaments mycéliens.

Anoxie (anoxique) : condition caractérisée par un manque d'oxygène.

Angiospermes : plantes à fleurs.

Apothécie : fructification de certains ascomycètes en forme de coupe.

Appressorium : structure de contact entre un champignon et une cellule hôte.

Arbuscule : structure arborescente formée par les champignons endomycorhiziens à l'intérieur des cellules de leur hôte.

Archéozoïque : période précédant l'ère primaire ou Paléozoïque, de la naissance de la Terre à – 540 millions d'années.

Ascomycètes : classe de champignons formant des ascospores haploïdes.

Ascocarpe (ou **ascome**) : fructification des ascomycètes.

Ascospore : spore sexuée haploïde ou méiospore se formant dans les asques.

Asque : sac dans lequel se forment les ascospores.

Asymptomatique : qui ne présente pas de symptômes.

Bactéridie : bactérie en forme de bâton.

Bactériolytique : qui détruit (lyse) des bactéries.

Baside : cellule spécialisée donnant naissance aux basidiospores.

Basidiocarpe : fructification des basidiomycètes.

Basidiomycètes : phylum de champignons formant des basidiospores haploïdes sur des basides.

Basidiospore : spore sexuée haploïde des basidiomycètes.

Carpophore (ou **sporophore** ou **sporocarpe**) : appareil reproducteur des champignons supérieurs.

Cellulase : enzyme dégradant la cellulose. La cellulose est un polymère de glucose anhydre.

Cellulose : polymère du D-glucose. La cellulose est, avec les hémicelluloses et la lignine, un des principaux constituants des parois des cellules végétales.

Cénozoïque : ou ère tertiaire, de – 65 à – 1,65 million d'années. On y inclut parfois aussi le Quaternaire (– 1,65 million d'années à aujourd'hui).

Chélation : fixation d'un atome métallique à un ligand (ou chélateur) par au moins deux liaisons.

Chimiotrophe : se dit d'un organisme utilisant l'énergie chimique.

Chitine : polysaccharide azoté polymère de la *N*-acétylglucosamine. Elle forme la cuticule des insectes et des crustacés et est un des constituants de la paroi des cellules de champignons.

Chytridiomycètes (ou **chytrides**) : phylum de champignons dont les gamètes sont flagellés.

Coccoïdal : qui a une forme de coque.

Conidie : spore asexuée.

Crétacé : troisième et dernière période de l'ère secondaire.

Cryptomycota : nouveau phylum de champignons primitifs unicellulaires à zoospores flagellées.

Dicaryotique : cellule à deux noyaux.

Diploïde : cellule dont le noyau comporte deux jeux de chromosomes, l'un provenant du père, l'autre de la mère (2n).

Diversisporales : ordre de champignons de la division des *Glomeromycota*.

Ectomycorhize : organe mixte constitué d'un champignon formant un manteau autour d'une racine courte et y pénétrant tout en restant à l'extérieur des cellules.

Endomycorhize : organe mixte constitué d'un champignon pénétrant à l'intérieur des cellules d'une racine.

Endosymbiose : coopération entre deux organismes différents dont l'un est contenu dans l'autre.

Page de gauche : la pézize orangée comestible (*Aleuria aurantia*).

Éocène : deuxième époque du Paléogène, encore appelée ère tertiaire.

Épigé : qui se développe au-dessus du sol.

Épiphyte : végétal ou lichen qui se développe sur des branches ou des troncs leur servant de support.

Estérification : réaction chimique donnant naissance à un ester à partir d'un alcool et d'un acide organique.

Glomales (ou **Glomérales**) : famille appartenant à l'ordre des Diversisporales.

Glomeromycota (ou **Gloméromycètes**) : une des huit classes de champignons.

Glucose : sucre simple à six atomes de carbone.

Gobtage (ou **gobetage**) : recouvrement d'une meule à champignons de Paris par une couche de calcaire ou d'un autre substrat.

Gongylidies : extrémités gonflées d'hyphes riches en substances nutritives que consomment les fourmis champignonnistes.

Gymnospermes : plantes sans fleurs et à ovules libres.

Haploïde : cellule dont le noyau ne comporte qu'un seul jeu de chromosomes.

Hémicellulose : les hémicelluloses, à la différence de la cellulose, possèdent, en plus du glucose anhydre, d'autres sucres comme le xylose polymérisé, ou xylane.

Hyphe : filament mycélien.

Hypogé : souterrain.

Laccase : enzyme dégradant les composés phénoliques comme la lignine ou les tanins.

Lignine : principal constituant du bois avec la cellulose et les hémicelluloses. Il s'agit d'un polymère de monolignols dont le précurseur est un acide aminé, la phénylalanine.

Lithotrophe : se dit d'un organisme utilisant l'énergie chimique des minéraux des roches.

Mésozoïque : ère secondaire (– 245 à – 65 millions d'années).

Métabolite : composé organique entrant dans le métabolisme ou ensemble des réactions qui régissent le fonctionnement des organismes vivants.

Minéralisation : libération des éléments minéraux inclus dans la matière organique par les micro-organismes du sol.

Mucorales : ordre primitif de champignons saprotrophes ou parfois mycorhiziens appartenant aux zygomycètes. Beaucoup de moisissures dégradant des sucres simples ou l'amidon sont des mucorales.

Mycélium : ensemble des hyphes du champignon formant une structure végétative.

Mycorhize : organe mixte constitué par l'association d'une fine racine et d'un champignon.

Mycorhizome : association symbiotique entre un champignon et un rhizome.

Mycothalle : association symbiotique entre un champignon et un thalle comme celui des hépatiques.

Nitrogénase : enzyme bactérienne transformant l'azote de l'air (N_2) en ammoniac (NH_4).

Oomycètes : organismes filamenteux à parois cellulosiques et à zoospores flagellées considérés comme n'appartenant plus aux champignons.

Ordovicien : étage du Paléozoïque (– 485,4 à – 443,4 millions d'années).

Orthophosphate : forme ionique d'un sel de l'acide phosphorique sous forme de $H_2PO_4^-$, HPO_4^{2-} ou PO_4^{3-}.

Paléozoïque : ère primaire (– 540 à – 245 millions d'années).

Paraphyses : hyphes stériles parmi les hyphes fertiles.

Pectine : composé gélifiant présent dans les parois de certaines cellules végétales. Les pectines sont des polymères de l'acide galacturonique.

Peroxydation : formation d'un peroxyde, ou composé comportant plus d'atomes d'oxygène que la forme oxydée ordinaire.

Pessière : peuplement d'épicéas.

pH (ou **potentiel Hydrogène**) : cologarithme décimal de la concentration molaire en ions hydrogène.

Photosynthèse : processus biologique permettant aux plantes et à certaines bactéries de synthétiser de la matière organique à partir de l'eau et du gaz carbonique en utilisant l'énergie solaire.

Phototrophe : organisme tirant son énergie de la lumière par photosynthèse.

Phylogénie : étude des relations de parenté entre individus ou groupes d'individus.

Phylum : ensemble d'espèces ayant des caractéristiques et une origine communes.

Plasmalemme (ou **membrane plasmique**) : membrane complexe isolant la cellule de l'extérieur. Chez les végétaux, le plasmalemme est protégé par une paroi externe constituée de cellulose, d'hémicellulose et de lignine. Chez les champignons, elle est constituée de chitine.

Polyphosphate : orthophosphate polymérisé.

Polysaccharides : polymères constitués de plusieurs sucres liés entre eux par des liaisons osidiques. Les polysaccharides les plus répandus du règne végétal sont deux polymères du glucose, la cellulose et l'amidon.

Précambrien (ou **Archéozoïque**) : période précédant l'ère primaire.

Primordium (pl. ***Primordia***) : ébauche de fructification.

Protéase : enzyme dégradant les protéines.

Protéine : macromolécule constituée de longues chaînes de résidus d'acides aminés reliés entre eux par des liaisons dites peptidiques.

Protéobactéries : groupe important de bactéries ayant des formes très diverses.

Protéolyse : dégradation des protéines par les protéases.

Quinones : composés comportant un noyau benzénique sur lequel quatre atomes d'hydrogène ont été remplacés par deux noyaux d'oxygène.

Radula : sorte de râpe dont est pourvue la cavité buccale des mollusques.

Réseau de Hartig : réseau d'hyphes qui pénètre entre les cellules du cortex racinaire au moment de la formation des mycorhizes.

Rhizome : tige souterraine ou aquatique.

Rhizomorphes : hyphes agrégés en cordons ressemblant à une racine.

Saprophyte (ou **saprotrophe**) : qui se nourrit de la matière organique morte.

Silurien : troisième période de l'ère primaire (– 443,4 à – 419,2 millions d'années).

Scolytes : insectes qui consomment le bois.

Sporocarpe : organe produisant les spores des champignons supérieurs.

Symbiose : association à bénéfice réciproque entre deux organismes différents.

Symbiote : un des partenaires de la symbiose, en général le champignon.

Thalle : ensemble végétatif de divers organismes. Chez les champignons et en particulier chez les lichens, il est constitué par les hyphes agrégés.

Xylane : polymère du xylose, composant principal des hémicelluloses.

Xylophage : qui consomme le bois.

Zygomycètes : champignons primitifs à mycélium non cloisonné et à spores non mobiles.

Crédits iconographiques

En couverture : © kichigin19 (n°152591806) - Adobe Stock
Coprin disséminé (*Coprinellus disseminatus*), sans intérêt culinaire.

Sauf mention contraire, les photographies et schémas sont des auteurs (NdÉ).

Biosphoto :
p. 8 : © Frédéric Tournay (2126704)
p. 18 : © Jean-Yves Grospas (2074740)
p. 56 : © Frédéric Tournay (2126704)
p. 132 : © Sylvain Cordier (2011788)
p. 135 : © Pascal Pittorino (2030446)

Coordination éditoriale
Véronique Véto

Coordination de l'édition
Anne-Lise Prodel

Édition
Florian Berrouet

Maquette intérieure
Claire Aujeau (Oxalis-scop)

Couverture et mise en page
Gwendolin Butter

Impression : DBSPRINT (Vevey Suisse)

Dépôt légal : septembre 2019